材料成型及控制工程
专业实践教程

主　编　赵作福　赵志伟
副主编　张　驰　陈淑英　戴　山　李青春

北京理工大学出版社
BEIJING INSTITUTE OF TECHNOLOGY PRESS

内 容 简 介

本教程内容分为专业实验课程和专业实训课程两部分，其中实验部分包括金属材料组织分析实验、检测技术使用与分析实验、金属液态成型及造型材料实验、金属塑性成型实验、设计性实验，涵盖了材料成型及控制工程专业学生所学专业课程的全部内容；实训部分结合材料成型及控制工程专业设置情况，设计涵盖了铸造、锻压、热处理、虚拟仿真及数值模拟各个环节的实训项目 2 个。

本教程可供高等院校材料成型及控制工程专业的系列实践课程使用，也可供本专业研究生及相关专业技术人员参考。

图书在版编目（CIP）数据

材料成型及控制工程专业实践教程／赵作福，赵志伟主编. -- 北京：北京理工大学出版社，2025. 3.

ISBN 978-7-5763-5231-3

Ⅰ. TB3

中国国家版本馆 CIP 数据核字第 20251WP432 号

责任编辑：张荣君　　**文案编辑**：李　硕
责任校对：刘亚男　　**责任印制**：李志强

出版发行 / 北京理工大学出版社有限责任公司
社　　址 / 北京市丰台区四合庄路 6 号
邮　　编 / 100070
电　　话 / (010) 68914026 （教材售后服务热线）
　　　　　　 (010) 63726648 （课件资源服务热线）
网　　址 / http://www.bitpress.com.cn

版 印 次 / 2025 年 3 月第 1 版第 1 次印刷
印　　刷 / 河北盛世彩捷印刷有限公司
开　　本 / 787 mm×1092 mm　1/16
印　　张 / 10.75
字　　数 / 251 千字
定　　价 / 68.00 元

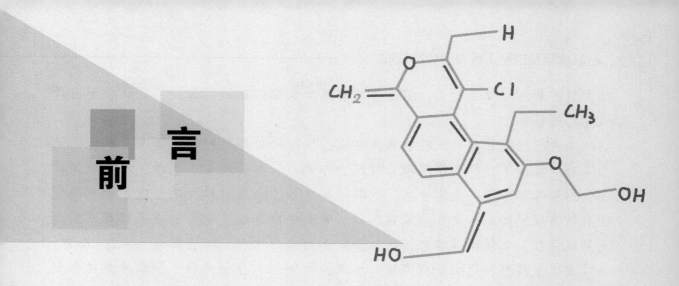

前　言

　　党的二十大报告明确指出：培养造就大批德才兼备的高素质人才，是国家和民族长远发展大计；加快建设国家战略人才力量，努力培养造就更多大师、战略科学家、一流科技领军人才和创新团队、青年科技人才、卓越工程师、大国工匠、高技能人才。

　　专业实践教学环节是本科教育实现人才培养目标和实施素质教育不可或缺的重要环节之一，是培养当代大学生工程实践能力和科学研究能力的必要途径。

　　本教程是辽宁工业大学的立项教材，并由辽宁工业大学资助出版。

　　本教程结合材料成型及控制工程专业课程设置的实际情况，以及时代特点和党的二十大报告中指出的对高等教育的具体要求，以构建具有应用型本科教育特色的实践教学体系为基础，以工程理论指导实际应用为宗旨，以学生综合能力与素质培养为核心，让学生在了解并掌握专业理论课程的基础上，能够系统地运用所学专业理论知识和技能进行实践。寓素养提升于实践教学全过程，将工匠精神、创新能力及劳动教育渗入教学培养体系的内涵建设之中，从教学手段和方法上改变传统的教学模式，激发学生的学习兴趣和学习热情，培养学生的个人责任感，锤炼学生的实践能力、应用能力、创新能力、工程能力，为提高学生应用所学知识解决实际问题的能力、创新意识、工匠精神和科学研究能力奠定扎实的基础，是实现应用型本科人才培养目标的关键，也是应用型本科教育培养质量的具体要求和特色体现。

　　本教程结合当前专业数字化建设的整体目标，引入信息化手段，降低了演示性实验的占比，增加了以培养学生实验研究能力、创新能力为目的的验证性、综合性、设计性的"三性"实验，旨在为材料成型及控制工程专业课程的实践教学提供指导。在此基础上，结合企业人才培养的需求和定位，开设了包括铸造、锻压、热处理、虚拟仿真及数值模拟各个环节的实训课程，使学生对材料成型及控制工程专业设置、培养目标有更加深刻的认知，为向国家和社会输送人才打好基础。

本教程根据专业实践教学具体要求，以材料成型及控制工程专业典型实验为基础，涵盖了材料成型原理、材料力学性能、材料成型工艺学、材料成型设备、材料加工工程、检测技术、材料研究方法、金属材料及热处理等专业理论课程的常规实验，涉及专业基础课程、专业模块课程及专业选修课程等不同类别实践课程。本教程内容包括实验和实训两部分内容，实验部分（第2~6章）共设置了金属材料组织分析实验、检测技术使用与分析实验、金属液态成型及造型材料实验、金属塑性成型实验、设计性实验五个部分，涵盖了材料成型及控制工程专业学生所学专业课程的全部内容，28个实验项目，共计102学时；实训部分（第7章）结合材料成型及控制工程专业设置情况，设计涵盖了铸造、锻压、热处理、虚拟仿真及数值模拟各个环节的实训项目2个，共计32学时。

本教程由赵作福、赵志伟担任主编，张驰、陈淑英、戴山、李青春担任副主编。第1、2章由赵作福、赵志伟和戴山编写，第3、5章由张驰、陈淑英、李青春编写，第4章由赵作福编写，第6、7章由赵作福、赵志伟编写。

本教程中相关内容及符号等都采用最新国家标准，可作为材料成型及控制工程专业本科生的系列课程实践教程，也可供本专业研究生及相关专业技术人员参考。

编者在编写本教程的过程中，参考了一些专业文献，在此向这些文献作者表示衷心感谢！

由于编者水平和经验所限，教程中难免会有疏漏和不妥之处，敬请各位读者不吝指正，并提出宝贵意见。

编　者
2025 年 4 月

目录

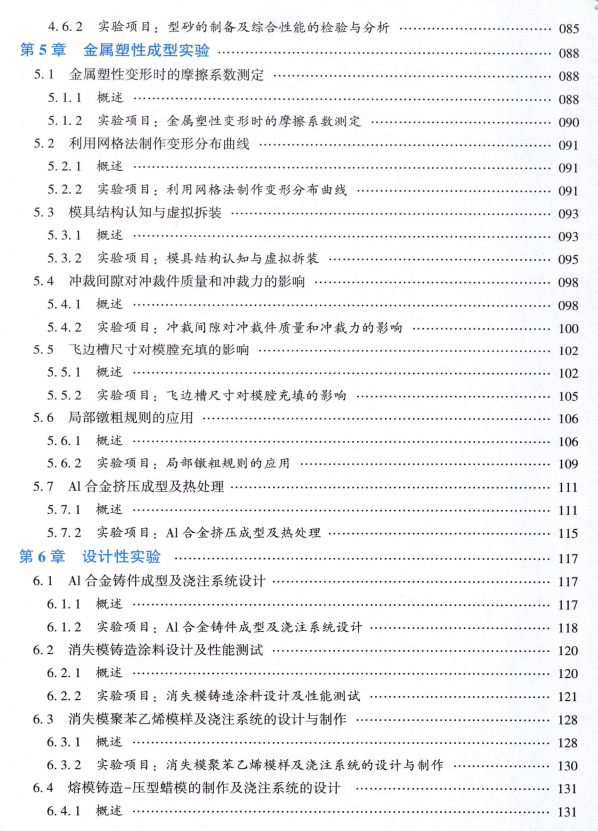

第1章　实验室安全准入教育

1.1　实验室安全准入教育的目标

实验室安全准入教育的目标如下。

（1）充分认识实验室安全的重要性，提高安全责任意识，在日常工作中切实做到居安思危，防患于未然。

（2）系统全面地掌握实验室安全事故防范的基础知识。

（3）对实验室存在的安全风险具有一定的识别、评估和管控能力，并在面对实验室突发事件时，具有一定的应急处理能力。

1.2　实验室安全准入教育的内容

1.2.1　实验室安全的重要性

实验室是高校进行实践教学、人才培养和科学研究的重要场所，它在培养学生的动手实践能力、团队协作能力、创新创业能力方面发挥着至关重要的作用。

实验室具有实验人员集中且流动性大、实验仪器使用频繁、风险难以预见与防控等特点，同时一些实验人员缺乏安全意识、操作不规范及部分实验仪器老化等因素的存在，导致实验室的安全事故层出不穷。实验室一旦发生安全事故，轻则造成实验仪器损坏和财产损失，重则造成人员伤亡，并给高校带来不良的社会影响。

一般来说，实验室安全主要包括实验室消防安全、实验室电气安全、化学化工类实验室安全、生物类实验室安全、机械安全和实验室辐射安全。确保实验室安全既是保障师生人身安全的基本需要，也是保障高校教学、科研工作顺利开展和培养高素质创新人才的需要，同时是促进高等教育事业快速、健康、持续发展的需要。只有以安全为基础，才能保证实验室各项工作顺利进行。

1.2.2　实验室常见安全事故

实验室常见安全事故主要有火灾事故、爆炸事故、机电伤人事故、毒害性事故及其他安全事故等。结合材料成型及控制工程专业实验和实训特点，本教程主要从火灾事故及灭火的基本方法、机电伤人事故及其他安全事故等方面进行详述。

1. 火灾事故及灭火的基本方法

1）火灾事故

火灾事故主要有电气火灾事故、化学品火灾事故及其他火灾事故等。

（1）电气火灾事故：过载、短路、线路老化、导线连接处接触不良、电气设备操作不当等引发的火灾事故。

（2）化学品火灾事故：使用或储存化学品不当，导致易燃易爆品遇到热源或火源而引发的火灾事故。

（3）其他火灾事故：人为疏忽（如忘记关闭酒精灯或电炉等）引发的火灾事故。

2）灭火的基本方法

灭火的基本方法主要有冷却法、隔离法、窒息法、抑制法等。

（1）冷却法：将灭火剂（如水、二氧化碳等）直接喷洒在可燃物上，以降低可燃物的温度，从而使燃烧停止，或者将灭火剂喷洒在火源附近的可燃物上，防止可燃物达到燃点而着火。冷却法是一种常用的灭火方法，灭火剂在灭火过程中不参与燃烧过程中的化学反应。

（2）隔离法：将可燃物与火源或氧气隔离开来，从而使燃烧停止。隔离法适用于扑灭各种固体、液体和气体火灾。具体操作如下。

①将火源附近的可燃物、易燃易爆物和助燃物从燃烧区内转移到安全地点。

②关闭可燃气体、可燃液体管道的阀门，以阻止可燃气体、可燃液体进入燃烧区。

③排出生产装置、容器内的可燃气体或可燃液体。

④拆除与火源毗连的易燃建筑，形成防止火势蔓延的空间地带。

⑤利用泥土或黄沙筑堤，阻止流淌的可燃液体向四周蔓延。

（3）窒息法：通过隔绝空气的方法使燃烧区内的燃烧物因得不到足够的氧气而停止燃烧。窒息法适用于扑灭一些封闭空间内发生的火灾或一些初起火灾。具体操作如下。

①用沙土、水泥、湿麻袋、湿棉被等不燃或难燃物质覆盖燃烧物。

②封闭发生火灾的房间的门窗、设备的孔洞等。

③把不可燃气体（如二氧化碳、氮气等）灌注在发生火灾的容器或设备内，或把不可燃液体（如四氯化碳等）喷洒到燃烧物上。

（4）抑制法（基于链式反应机理而提出的方法）：将灭火剂喷射到燃烧区，灭火剂参与燃烧反应，并使燃烧反应产生的自由基消失，最终使燃烧反应终止。抑制法灭火的灭火剂有干粉、卤代烃及其替代产品。

2. 机电伤人事故

机电伤人事故主要是指因实验人员操作不当或缺乏防护装备、实验设备老化或出现故障而造成的夹挤、碾压、切割、缠绕、卷入、刺伤、碰撞、电击等伤人事故。这类事故大多发生在有高速旋转或冲击运动的机械实验室、有带电作业的电气实验室和一些有高温产生的实验室。

3. 其他安全事故

除了以上常见的安全事故，实验室还可能发生其他安全事故，如因管理不善或实验人员违规操作而造成的放射性事故及物品失窃、信息资料被破坏等事故。

现代事故因果连锁理论认为：事故发生的直接原因是人的不安全行为和物的不安全状态，间接原因包括个人因素及与工作有关的因素，根本原因是管理上存在问题及缺陷。根据该理论，可将实验室安全事故发生的原因归纳为人的不安全因素、物的不安全因素、管理上存在的问题及缺陷 3 个方面，具体如下。

1）人的不安全因素

（1）忽视安全操作规程。

（2）违反劳动纪律。

（3）误操作和误处理。

（4）未做好个人防护。

（5）物体或物料摆放不合理。

（6）对设备性能、物料的特性不熟悉，操作不熟练。

2）物的不安全因素

（1）设施、设备、工具及附件的设计不合理，或者安装、调整不良。

（2）实验室缺少安全装置和防护措施，或者安全装置和防护设施有缺陷。

（3）设备腐蚀、老化或超期运转。

3）管理上存在的问题及缺陷

（1）安全管理制度不科学、不完善。

（2）安全责任不明确，使安全工作流于形式。

（3）管理人员思想欠佳或数量不足。

1.2.3　实验室安全事故的预防措施

1. 强化安全教育，培养安全意识

培养学生及相关人员的安全意识，是确保他们人身安全和实验室财产安全的最基本前提。高校可通过系统、规范、科学的安全教育来实现这一目标。

（1）将实验室安全制度、实验操作规程、危险化学品操作的注意事项及实验室安全事故的应急措施等作为安全教育的内容。

（2）施行实验室安全准入制度，即学生和相关人员必须经过安全教育培训才能进入实验室。

（3）通过组织安全知识讲座、安全知识竞赛、安全事故分析和安全评比等活动，增强学生及相关人员的安全意识，从而有效地预防安全事故的发生。

2. 建立实验室安全管理制度

（1）建立定期安全检查制度。

（2）建立安全风险评估制度。

（3）建立危险源全周期管理制度。

（4）建立实验室安全应急制度。

3. 建立安全管理责任体系

（1）建立学校、二级学院、实验室三级安全管理责任体系，在校级和院级层面成立安全工作领导小组，全面落实和指导实验室安全管理工作。

（2）以实验室为基本单位，落实第一安全责任人。

（3）要求高校与二级学院、二级学院与实验室、实验室与学生或相关人员逐级签订安全责任书，将安全管理责任落实到每一个实验室、每一个实验台甚至每一个药品柜。

（4）设立专门的实验室安全管理机构，并配备专门的安全管理人员。

第 2 章　金属材料组织分析实验

2.1　铸铁金相组织观察与分析

2.1.1　概述

1. 铸铁的分类

铸铁，一种以 Fe、C、Si 等为主要成分的铁碳合金，广泛应用于制造业中，其碳元素含量常在 2.0%~4.0% 内变动。除此之外，铸铁内也存在 Mn、P、S 等元素。为强化某些特殊的性质，通常会有意识地掺入不同种类与含量的合金元素，从而生产出种类多样的铸铁。

目前使用的分类标准主要依照组织特征、断口特征、成分特征和性能特征等，将铸铁分为八大类型，如表 2.1 所示。

表 2.1　铸铁的分类

类别		组织特征	断口特征	成分特征	性能特征
工程结构件用铸铁	灰铸铁	基体+片状石墨	灰口	仅含 C、Si、Mn、P、S（五元素）或外加少量合金元素	R_m：150~350 MPa 基本上无塑性
	球墨铸铁	基体+球状石墨	灰口（银白色断口）	（1）五元素或外加不同量的合金元素 （2）$w(Mg_残)\geqslant 0.03\%$、$w(RE_残)\geqslant 0.015\%$	R_m：400~900（1 600）MPa A：1%~20% a_k：15~120 J/cm²
	蠕墨铸铁	基体+蠕虫状石墨（往往伴有少量球状石墨）	灰口（斑点状断口）	同球墨铸铁，但 $w(Mg_残)$ 及 $w(RE_残)$ 稍低	R_m、A 比球墨铸铁低，但高于灰铸铁
	可锻铸铁	生坯：珠光体+莱氏体 退火后：基体+团絮状石墨	生坯：白口 退火后：灰口（黑色绒状断口）	（1）低碳、低硅 （2）$w(Cr)<0.06\%$	R_m：300~700 MPa A：2%~12%

类别		组织特征	断口特征	成分特征	性能特征
特种性能铸铁	抗磨铸铁	基体+不同类型的渗碳体	白口（抗磨球墨铸铁例外）	除五元素外，可加入低、中、高量合金元素	有高的抗磨性，但韧度较低
	冷硬铸铁	表层：基体+渗碳体内层：基体+各类石墨	表层：白口内层：灰口	除五元素外，可加入不同量的合金元素	外层耐磨、内层强度较高
	耐热铸铁	基体+片状或球状石墨	灰口	有 Si、Al、Cr 系（中硅、高铝、中硅铝、高铬等铸铁）	有高的耐热性及抗氧化性，但强度较低、较脆
	耐腐蚀铸铁	基体+片状或球状石墨	灰口	合金元素 Si、Ni 含量高	有高的耐腐蚀性

注：表中 R_m 为抗拉强度，A 为断面收缩率，a_k 为冲击韧度（已废止，这里仅作为参考数值）。

2. Fe-G、Fe-Fe₃C 双重相图

图 2.1 中将碳在铸铁中的表现形式——石墨和渗碳体两种不同相态进行了展示，它因此呈现出了 Fe-G（石墨）相图和 Fe-Fe₃C 相图的双相性质。图内，Fe-G（石墨）的稳定相态由虚线标识，而 Fe-Fe₃C 的亚稳定相态则由实线表示。

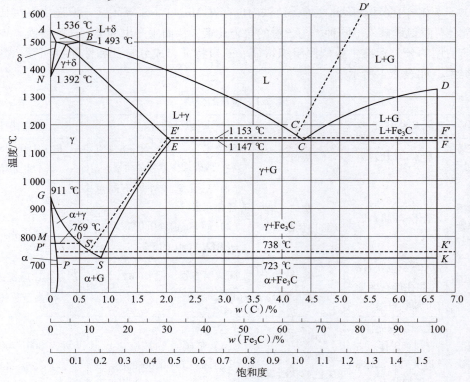

图 2.1 铁碳合金双重相图

双重相图中各组成相如下。

液溶体 L： 也就是液相，以 L 为标志，表现为 C 或其他元素在 Fe 中形成的溶液，其位置在液相线上方，同时在二相区内也可以发现其踪迹，但是其构成会随着温度变化而变化。

δ 铁素体、α 铁素体： 分别称为 δ 相、α 相，是指 C 在 Fe 中形成的间隙固溶体，呈体心立方晶格的形态。δ 相在 1 392~1 536 ℃ 的温度范围内存在，当温度达到 1 493 ℃ 时，它的最大溶碳比可达 0.086%。而 α 相在 911 ℃ 或更低温度下出现，其在 723 ℃ 时的最大溶碳比为 0.034%。

奥氏体 A： 也叫 γ 相，实际上是 C 在 γ-Fe 中构成的间隙固溶体，呈面心立方晶格的形态。γ 相可以在 723~1 493 ℃ 的温度范围内存在，其在 1 147 ℃ 时的最大溶碳比为 2.14%。

石墨 G： 是铸铁中以游离状态存在的 C，按照稳定态转变时的高碳相，在铸铁中根据化学成分和析出时间的差异，有初生石墨、共晶石墨、二次石墨和共析石墨，其形状主要包括片状、蠕虫状、团絮状和球状。

渗碳体 Fe$_3$C： $w(C) \approx 6.69\%$ 的 Fe-C 间隙化合物，这种化合物以其复杂的正交晶格构造为特征。当这种物质转变为高碳相的亚稳态时，根据它的化学组成及析出时间的长短，可以表现出初生渗碳体（首次渗碳体）、共晶渗碳体、二次渗碳体和共析渗碳体等多样化的形态。这些形态可能呈现为大块状、莱氏体、板条状或网状。

莱氏体 Ld： 一种在亚稳定状态转变过程中形成的共晶结构，由奥氏体和渗碳体的机械混合体组成。当其冷却到低于 Ar_1 的温度时，其组成则变为珠光体和渗碳体。

珠光体 P： 在共析温度下通过过冷奥氏体形成的，由铁素体和渗碳体构成的层状结构，并通过片状的交替排列而分布。根据转换到珠光体时过冷度的大小，能够生成正常片状珠光体、细片状珠光体（也称为索氏体）和极细的珠光体（也称为托氏体）。此外，对珠光体进行热处理也能使其中的渗碳体粒化，从而制得粒状珠光体。

2.1.2　实验项目：铸铁金相组织观察与分析

微课视频 铸铁金相组织观察与分析

1. 实验目的

（1）熟悉常用铸铁的显微组织特征。

（2）了解各种铸铁的用途。

（3）掌握常用铸铁的显微组织与生产工艺的关系。

2. 实验内容及原理

在铸铁中，C 的存在形式可能是渗碳体，也可能是石墨。根据这两种形式以及石墨的形态变化，一般可将铸铁分为灰铸铁、球墨铸铁、可锻铸铁和蠕墨铸铁等。对于铸铁，可以将其金属基底类别划分为珠光体基底、铁素体基底，或者是两者的组合基底。并且，这些金属基底的微观结构与共析钢或亚共析钢的微观结构是相同的。

1）灰铸铁

灰铸铁的机械性能极大地受到石墨的大小、数量和分布的影响。为了便于比较，对灰铸铁中的石墨进行了分类评级，根据 GB/T 7216—2023《灰铸铁金相检验》，按石墨的形成原因和分布特征，将其分为 A、B、C、D、E 和 F 六种类型，石墨分布形状如表 2.2 所示。

表 2.2　石墨分布形状

石墨类型	分布形状
A	片状石墨呈无方向性均匀分布
B	片状及细小卷曲的片状石墨聚集成菊花状分布
C	初生的粗大直片状石墨
D	细小卷曲的片状石墨在枝晶间呈无方向性分布
E	片状石墨在枝晶二次分枝间呈方向性分布
F	初生的星状（或蜘蛛状）石墨

A 型石墨［图 2.2（a）］：此类石墨是碳当量为共晶成分或接近共晶成分的铁水，在共晶温度范围内从铁水和奥氏体中同时析出的。A 型石墨的形成需求相对较低的过冷度，以帮助其均匀成核并生长。

B 型石墨［图 2.2（b）］：此类石墨的特点是由于过冷度较大，首先从液相中析出细小的树枝状奥氏体，接着在树枝的间隙处，奥氏体与石墨的共晶开始形成，此时，石墨片分枝多而密，形成了像菊花状的石墨核心。由于其结晶并没有在极度过冷的环境中发生，一开始晶体的产物开始释放结晶潜能时，会导致隐藏在初始晶体产物表面的铁液凝固速度变慢，而且热量只能沿着初始晶体产物向外以射线方式散发，通过液态的金属来完成。因此，表面的石墨生长表现出相对较粗的弯曲片状，大概呈射线状分布，直到碰到附近的共晶团。在碳和硅含量较高并且过冷度较大的亚共晶灰铸铁中，B 型石墨通常可以被观察到。

C 型石墨［图 2.2（c）］：主要由宽大的初生石墨和相对较小的共晶石墨构成。虽然它们的体积差异较大，不过分布稳定且没有定向性。此类石墨多数出现在共晶度高且冷却过程较慢的厚重铸铁件内。由于冷却得慢，初生石墨在共晶化之前有充足的时间在铸铁液中生长，最后演变成片状的大石墨。初生石墨的分离会让铸铁液的碳含量慢慢降低。在共晶温度下，具有共晶成分的铁水发生共晶转变而析出共晶石墨，结果形成粗片状的初生石墨和细小的共晶石墨片混杂分布的形式。粗大的石墨片存在，会造成灰铸铁的机械性能下降。

D 型石墨［图 2.2（d）］：点状与小片状的石墨无方向性的分布。它是在较大过冷度下生成的共晶石墨。它通常存在于碳和硅含量偏低，过冷度较高的黏土灰铁质中。在结晶过程中，率先形成的是树枝状奥氏体。由于过冷度较高，位于枝晶间的剩余铁液在共晶转变时，几乎在同一时刻产生了大量的石墨核心，这些核心只能进行微弱的生长，导致生成了大量紧密的分支，这就是为何在显微镜下观察到石墨以点状、片状分布在奥氏体的树枝间隙中。除了低碳和强烈过冷，铁水过热也是 D 型石墨生成的条件。因为过热会使石墨生成的核心减少，石墨结晶困难，需要有较大的过冷度。此类石墨的密集分布，也使灰铸铁机械性能有所下降。

E 型石墨［图 2.2（e）］：在初生奥氏体的晶间分布着有方向性的短片石墨。E 型石墨的特征和成因与 D 型石墨基本相同，只是其分布具有明显的方向性。在实际生产中，D 型石墨和 E 型石墨通常不作严格区分，统称过冷石墨或枝晶石墨。E 型石墨因分布的方向性较强，对机械性能的影响也较 D 型石墨大一些。

F 型石墨 ［图 2.2（f）］：其特点是星状或蜘蛛状与短片状石墨混合均匀分布。F 型石墨是过共晶铁水在较大过冷度的条件下形成的。大块的为初生石墨，片状石墨在其上生长。

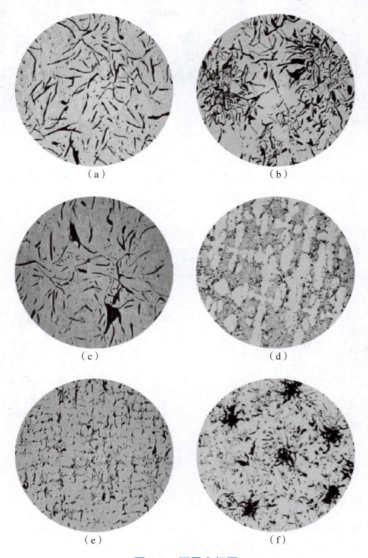

图 2.2　石墨金相图

（a）A 型石墨；（b）B 型石墨；（c）C 型石墨；（d）D 型石墨；（e）E 型石墨；（f）F 型石墨

2）球墨铸铁

球墨铸铁是液态铁水通过球化处理得到的，球化剂常为镁、稀土或稀土镁。为了防止碳以渗碳体的方式析出，并保持石墨的细小和均匀，需要同时进行孕育处理，而这通常需要用到硅铁或硅钙合金作为孕育剂。其金属基体可分为珠光体基体、铁素体基体或珠光体+铁素体基体，如图 2.3 所示。

3）可锻铸铁

可锻铸铁由白口铸铁经过石墨化退火而成，其中碳以团絮状石墨存在，其金属基体可分为珠光体基体、铁素体基体（图 2.4）。铁素体基体可锻铸铁又称为黑心可锻铸铁。

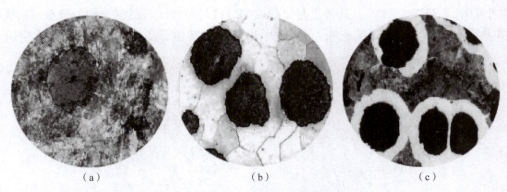

图 2.3　球墨铸铁金相图

（a）珠光体基体球墨铸铁；（b）铁素体基体球墨铸铁；（c）珠光体+铁素体基体球墨铸铁

4）蠕墨铸铁

蠕墨铸铁中石墨形态呈蠕虫状，是通过让铁水经历蠕化及孕育处理所实现的。常用来进行蠕化处理的主要是稀土 Si-Fe-Mg 合金、稀土 Si-Fe 合金、稀土 Si-Fe-Ca 合金等。其金属基体可分为珠光体基体、铁素体基体或珠光体+铁素体基体（图 2.5）。

图 2.4　铁素体基体可锻铸铁金相图　　　图 2.5　珠光体+铁素体基体蠕墨铸铁金相图

3. 实验材料和设备

（1）实验材料：金相试样一套。

（2）实验设备：金相显微镜、投影仪、金相评级标准挂图。

4. 实验方法和步骤

（1）使用金相显微镜观察铸铁试样的显微组织，了解其组织形态特征。

（2）按教师安排绘出所观察的铸铁试样显微组织示意图，并在图中标注组织。

（3）在实验记录单中填写所观察的铸铁种类与数量。

5. 实验分组

每人为 1 组。每组进行金相观察、显微组织示意图绘制。

6. 实验报告

画出灰铸铁、球墨铸铁、可锻铸铁、反白口、A 型石墨等显微组织示意图。

7. 课后作业

（1）A 型石墨和 B 型石墨的成因是什么？

（2）球墨铸铁中产生游离渗碳体的原因是什么？它对球墨铸铁性能有何影响？如何防止游离渗碳体的出现？

2.2　铸钢及其他铸造合金金相组织观察与分析

2.2.1　概述

1. 铸钢

铸钢是在凝固过程中不经历共晶转变，用于生产铸钢件的铁基合金总称。在全世界，铸钢件生产占整个铸件生产的 14% 左右。

铸钢的特点：力学性能要远远优于铸铁；具有许多特殊的性能，如耐磨、耐热、耐蚀等；有良好的焊接性能，有利于铸件组合及修补；尺寸形状与成品接近，节约原料，机械加工简化；铸件各部分结构可设计均匀，能抵抗变形。

2. 铸造 Al 合金

铸造 Al 合金是将液体金属直接浇注在砂型或金属型内，制造成各种形状复杂的零件的 Al 合金，因此铸造 Al 合金具有良好的铸造性能。对此，要求铸造 Al 合金有好的流动性能、铸造性能、充型性能和力学性能。为达到此目的，铸造 Al 合金中所含合金元素一般种类多而含量高。合金组织中有较多的共晶体，能获得良好的铸造性能，适用于铸造零件。概况来讲，铸造 Al 合金塑性较低，力学性能中等，亦可通过热处理强化或调整力学性能。

值得指出，铸造 Al 合金和变形 Al 合金并非截然分开的，有的 Al 合金既可用于铸造，又可用于压力加工。例如，Al-Si 合金一般作铸造合金用，但也可加工成薄板、带和线；变形 Al 合金中也有用来浇注成铸件用的。

3. 铸造 Cu 合金

铜及 Cu 合金是第二大非铁金属，是经济建设中各行业广泛需求的基础材料。Cu 及 Cu 合金得到广泛应用，是由于其具有以下不可替代的特性。

（1）Cu 及 Cu 合金具有优良的导电性和导热性。在所有金属中，Cu 的导电性仅次于 Ag，导热性是最好的。当然随着合金化程度的提高，Cu 合金的导电性和导热性会随之降低，但强度会显著提高。

（2）Cu 是抗磁性金属，并且磁化率极低，因此 Cu 及 Cu 合金在抗外场磁场的环境下得到广泛应用，如仪表、罗盘、航空、航天、雷达等，但含 Fe、Mn 及高 Ni 的 Cu 合金不在此列。

（3）Cu 的摩擦因数很小，因此以 Cu 为基的 Cu 合金耐磨性能优良，尤其是含 Sn 的多元 Cu 合金。它们广泛地用于机器设备上许多重要的耐磨零件，如轴承、轴瓦、涡流等。

（4）Cu 的电极电位很高，高于 H，其标准电极电位为 +0.34 V，因此 Cu 的耐腐蚀性能良好，在许多介质中都是很稳定的，大部分以 Cu 为基的 Cu 合金在大气和海水中具有很高的耐腐蚀性，在稀的非氧化氢氟酸、盐酸、磷酸及醋酸溶液中也有很高的化学稳定性。

（5）Cu 具有面心立方晶格，无同素异构转变，因而具有很高的塑性，非常易于加工成型。Cu 尽管强度很低，但不少元素在 Cu 中溶解度都较大，固溶强化效果好，这使很多 Cu 合金兼具高强度和高韧性，从而广泛用于制造高强、高韧、高导电、高导热和高耐蚀的重要零件。

（6）Cu 在水等介质中会释放出 Cu^{2+}，Cu^{2+} 具有抑制细菌生长和抑制某些水生生物生长的作用，因此 Cu 及 Cu 合金还广泛应用于人类饮用水输送管道、洗衣机内筒和船只的重要部件（如螺旋桨）等上。

（7）Cu 呈紫红色，并通过合金化可形成金黄色和银白色，色调古朴典雅，这一特性使其广泛应用于货币和各类工艺美术品上。

（8）Cu 通过合金化，可使其产生一些奇特性能，如形状记忆效应、超弹性和减震性等。纯铜及部分 Cu 合金金相图（工艺：铸造）如图 2.6 所示。

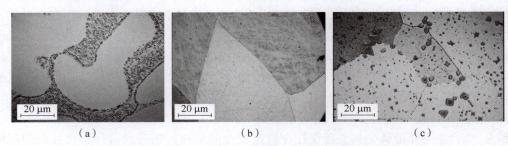

图 2.6　纯铜及部分 Cu 合金金相图（工艺：铸造）

（a）纯铜（$w(Cu) \geqslant 99.90\%$）；（b）Cu-Be 合金（$w(Be) = 1.6\% \sim 1.7\%$）；（c）锰青铜（$w(Mn) = 2.5\% \sim 5.0\%$）

2.2.2　实验项目：铸钢及其他铸造合金金相组织观察与分析

1. 实验目的

（1）熟悉铸造碳钢及高合金钢铸态组织与热处理后组织的特点。

（2）熟悉几种常见铸造非铁金属合金的金相组织。

2. 实验内容及原理

微课视频 铸钢及其他铸造
合金金相组织观察与分析

1）铸造碳钢的显微组织

铸态组织的形貌和组成相的含量与铸造钢的 C 含量有关。C 含量越低的铸钢，铁素体含量越多，魏氏组织的针状越明显、越发达，数量也多。随铸钢 C 含量的增加，珠光体含量增多，魏氏组织中的针状和三角形的铁素体含量减少，针齿变短，量也减少，而块状和晶界上的网状铁素体粗化，含量也增多。若存在严重的魏氏组织，或存在大量低熔点非金属夹杂物沿晶界呈断续网状分布，将使铸钢的脆性显著增加。

2）铸造高锰钢的显微组织

铸造高锰钢平衡态凝固后的最终铸态组织应为：奥氏体基体+少量珠光体型共析组织+大量分布在晶内和晶界上的碳化物。

高锰钢是在过共析钢中增加锰含量（11%~14%），使 $w(Mn)/w(C)$ 比值接近 10/1，再经过水淬后得到室温下单一奥氏体组织的钢。这类钢具有在承受冲击载荷和严重摩擦作用下发生显著硬化的特征，而且载荷越大，其表面层的硬化程度越高，耐磨性就越好，是一种典型的耐磨钢。由于它的加工硬化能力很强，不利于压力加工和切削加工，宜采用铸造加工，一般仅在铸造状态下使用，故属铸钢范围。典型的高锰钢牌号为 ZGMn13 系列。

水韧处理：ZGMn13 钢铸态组织中存在着碳化物，使铸件的性能既硬又脆。欲使高锰钢具有高的韧性和耐磨性，必须获得单一奥氏体组织。将 ZGMn13 铸件加热至高温（1 000~1 100 ℃）保温一段时间，使铸态组织中的碳化物全部溶入奥氏体基体中。然后迅速淬火快冷，使碳化物来不及从过饱和的奥氏体中析出，以获得均匀的单相奥氏体组织，这种热处理称为水韧处理。

3）铸造 Al-Si 合金显微组织

Al-Si 系合金二元共晶相图中，共晶温度为 577 ℃，共晶成分含量为 12.6%。在共晶温度下，Si 在 Al 中的溶解度为 1.65%，在常温下仅为 0.05%，其主要组成分别为 α-Al+共晶（α-Al+Si）、共晶（α-Al+Si）、初晶硅+共晶（α-Al+Si）。在铸态下未经变质处理的共晶硅呈粗大片状或粗针状。共晶和过共晶合金组织中的初晶硅呈粗大多角块状或板条状，粗大的共晶硅和初晶硅很脆，这种脆性严重地割裂了基体，降低了合金的强度和塑性。Si 含量高于 8% 的 Al-Si 合金若不经变质处理，塑性很低，实际使用价值就低。合金熔炼时的变质处理是生产中改善 Al-Si 合金组织、性能的一项关键技术，近共晶 Al-Si 合金目前在工业生产中主要采用 Na、Na 盐和 Sr 进行变质处理。Na 和 Na 盐是生产中最常用的 Al-Si 合金变质剂，复合 Na 盐的加入量一般为 1.5%。过共晶 Al-Si 合金变质处理，P 是实际应用最广泛的元素，主要用于对初晶硅的变质。P 对初晶硅的变质效果良好，对共晶硅有过变质现象，使共晶硅粗化成片、针状。只有 P 和其他元素复合变质，才能细化共晶硅。

4）铸造 Cu 及 Cu 合金

铸造 Cu 及 Cu 合金，按其化学成分可分为纯铜、青铜、黄铜和白铜 4 类。

铸造纯铜的金相组织为单一相，当添加其他元素或杂质超过一定数量时，组织中则出现化合物或共晶体第二相的析出。

青铜按化学成分可分为锡青铜和无锡青铜，后者又可分为铝青铜、铅青铜、铍青铜、硅青铜、锰青铜和铬青铜。

当 $w(\mathrm{Sn})<5\%$ 时，其铸态组织为单一的 α 相；当 $w(\mathrm{Sn})=5\%~6\%$ 时，组织中析出（α+δ）共析体，δ 是以金属间化合物 Cu31Sn8 为基体的固溶体，硬而脆。

黄铜是 Cu-Zn 合金，常见的 ZCuZn38 铸态组织为 α+β 两相组织，β 相易被腐蚀，在金相图片上呈黑色，而 α 相为白色。当 $w(\mathrm{Zn})<35\%$ 时，组织为单一 α 相。

白铜是 Cu-Ni 合金，白铜最早的记载出现在《华阳国志》中："螳螂县因山名也，出银、铅、白铜、杂药。"螳螂县在今天云南会泽、巧家和东川一带。此处富产铜矿，而临近的四川会理出产镍矿，两地有驿道相通。毫无意外，出现了我国古代冶金的独创产品——白铜。

白铜外观颜色与 Ag 相似，具有优异的抗腐蚀性能，明清时期得到广泛应用，后传入欧洲，经过仿制和改进，成为国际知名的"德国银"，即锌白铜合金。由于 Cu 和 Ni 彼此能够无限互溶，因此其组织不论 Ni 含量多少，均为单一的 α 相，铸态组织常为明显的树枝晶结构。

3. 实验材料和设备

（1）实验材料：金相试样一套。

（2）实验设备：金相显微镜、投影仪、金相评级标准挂图。

4. 实验方法和步骤

每人为 1 组，使用金相显微镜观察下列试样的显微组织，了解其组织形态特征。

（1）ZG25 的铸态组织（注意观察其中有无魏氏组织）。

（2）ZG45 的铸态组织（注意观察其中有无魏氏组织）。

（3）ZGMn13 的铸态组织与水韧处理后的组织。

（4）ZG1Cr13 的铸态组织与热处理后的组织。

（5）ZL102 变质处理后的组织。

（6）ZQSn6-6-3 组织。

（7）ZQAl9-4 组织。

（8）ZQSn10-2 组织。

（9）ZHSi80-3 组织。

按教师安排绘出所观察的金相试样显微组织示意图，并在图中标注组织。在实验记录单中填写所观察的材料、组织及处理工艺。

5. 实验分组

每人为 1 组，进行金相观察、组织示意图绘制。

6. 实验报告

画出金相组织示意图。

7. 课后作业

（1）所观察到的 ZG45 的铸态组织与 45 钢平衡组织有何不同？为什么？

（2）ZL102 是一种共晶成分（$w(Si) = 10\% \sim 13\%$）的铝硅合金，为什么变质处理后得到亚共晶成分组织？

（3）分析 ZHSi80-3 中 Si 的作用。

2.3 铸造、锻造材料的金相试样制备与显微镜的操作

2.3.1 概述

自 1864 年人类首次通过光学金相显微镜观察到金属材料微观形貌以来，金相微观世界的大门便被打开。伴随着科学和技术的持续进步，光学金相显微镜在其结构设计和光学系统方面都经历了显著的优化。目前，光学金相显微镜已经成为研究材料内部组织形态及缺陷特征最常用、最基本的工具之一。然而，由于光学金相显微镜受到光源波长、观察对象的细节衍射效应和透镜成像的物理规律的限制，它的鉴别能力大约是 2×10^{-4} mm，有效放大倍数大约是 1 000 倍。

在 20 世纪 30 年代，电子显微镜应运而生。这种显微镜使用的电子波长度远低于可见光，因此其鉴别能力大大超越了光学显微镜。现在，电子显微镜的鉴别能力可以达到 0.3 ~ 0.5 nm，与金属点阵中的原子间距相当，这使得晶体薄膜样品中的周期性点阵平面、原子面或晶面能够被清晰地观察到。尽管微观形貌分析仪器从最初的光学显微镜扩展到了电子显微镜、扫描电子显微镜、场离子显微镜、扫描激光声成像显微镜、图像分析器、高温和低温显

微镜、高压电子显微镜等设备，但光学显微镜仍是科研工作者研究材料内部组织形态及缺陷特征最常用、最基本的工具，也是不可或缺的测试手段之一。

2.3.2 实验项目：铸造、锻造材料的金相试样制备与显微镜的操作

1. 实验目的

（1）在不同的工艺学背景下，研究金相试样的制备技术，并深入了解显微组织显示的基本原理。

（2）对光学金相显微镜（以下简称显微镜）的光学基础、主要构造、操作方式及注意事项有深入了解。

微课视频 铸造、锻造
材料的金相试样
制备与显微镜的操作

2. 实验内容及原理

金相试样制备、显微镜的使用是不可或缺的基础技术。接下来，我们将详细描述这两种基础技术的工作原理和实施步骤。

1）金相试样制备

金相试样制备涉及取样、研磨、抛光和浸蚀这 4 个关键步骤。

（1）取样。

取样时一定要按检验目的，取代表部分。不同工艺制造的坯材或者零件在检验时，取样部位要有所不同。对于失效零件要同时取破损和完好处进行比较。对于锻、轧、冷变形工件，通常进行由表及里的代表性纵向取样，观察其组织、夹杂等变形；通过对横向截面进行取样，可以对脱碳层、化学热处理渗层、淬火层、表面缺陷、碳化物网进行检验，并对晶粒度进行测量；对于普通热处理零件而言，因其组织状态较为均一，所以样品可以从任何截面上截取。

材料的不同会影响试样的截取方式，但所有的截取方式都应确保在截取过程中，试样观察面的组织结构不会发生变化。可以根据所用材料的硬度和部件的尺寸来选择合适的工具，如手锯、锯床、砂轮切割机和显微切片机等。取下试样后，应先将表面清洁干净，再进行研磨抛光处理，以提高其光洁度及完整性。试样不应过大或过小，其形态应便于手持，通常是直径在 12~15 mm、高度在 12~15 mm 范围内的圆柱体或与之相匹配的立方体，如图 2.7 所示。

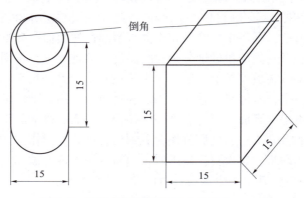

图 2.7 标准金相试样的尺寸（单位：mm）

对于形状不规则、太细、太薄、太软、容易破碎或需要检查边缘组织的试样，应该进行镶嵌。为了使截取出来的试样能够准确地反映出被测工件的实际情况，必须对所使用的刀具

进行严格的检验和调整。有多种方法可供选择，包括机械夹持、牙托粉冷镶嵌和热固性塑料镶嵌等，如图2.8所示。

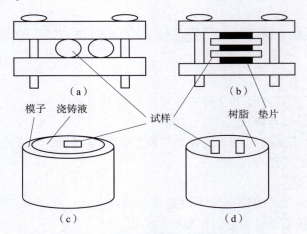

图 2.8　金相试样的镶嵌方法
（a）、（b）机械夹持；（c）牙托粉冷镶嵌；（d）热固性塑料镶嵌

（2）研磨。

试样研磨的目的是获得平滑的磨面，消除取样时产生的变形层，为后续的抛光工作做好准备。镶嵌后在显微镜下观察，可以发现表面上没有明显的裂纹和缺陷，但有时会产生气孔。首先进行的是粗磨过程，在砂轮机上操作，试样在发热时需要用水进行冷却，以防止温度上升导致试样结构发生变化。对于普通的试样，通常需要进行倒角处理（除了观察表面的样本），这样可以避免后续步骤对砂纸和抛光布造成损伤。其次进行的是细磨过程，将试样放在研磨盘上，装好研具，用砂轮和抛光机进行精磨，去除变形层以获得平整光滑的磨面。先使用砂轮将其磨平，然后采用金相砂纸进行进一步的精细打磨。为了减少磨损和提高光洁度，可以采用干砂纸或湿砂纸，但都必须保证一定的硬度，否则会产生裂纹。

目前市面上的金相砂纸主要分为两种类型：一种是干砂纸，其研磨材料主要是混合刚玉；另一种是湿砂纸，其研磨材料为长纤维或短纤玻璃砂，且适用于打磨平面和曲面等复杂形状的材料。还有一种是水砂纸，其研磨材料是碳化硅，特别适用于需要水冲洗的场合。

本书介绍一种新方法，即用干砂纸代替水砂纸磨削试样表面。砂纸应按照从粗糙到精细的顺序进行使用。试验时，先用粗砂纸分别对样品进行磨削加工，再用细砂纸打磨至表面光滑平整即可。把砂纸平铺在玻璃板上，用一只手按住砂纸，另一只手轻轻压住试样的磨面在砂纸上，然后直线向前推，不能来回移动。当试验完成后，用手指轻轻按在砂面上，使砂纸能顺利地从试块表面滑走。磨面需要与砂纸完全贴合，确保试样上的压力分布均匀，直到磨面上只留下一个均匀的方向磨痕，之后替换为更细的砂纸重复操作。试验时可根据不同材料选用相应厚度和硬度的砂纸。每次更换砂纸时，都需要用水清洗试样，并确保试样的磨制方向调整为90°，这样可以检查上一个磨痕是否已经被完全磨平。

（3）抛光。

金相试样经过研磨后，可以观察到微小的磨痕，但通过进一步的抛光处理，可以使磨面展现出明亮的镜面效果。抛光技术包括机械抛光、化学抛光及电解抛光，其中，机械抛光的应用是最为广泛的。机械抛光是在抛光机上完成的，由电动机驱动的水平抛光盘，其理想转速通常在 500~1 000 r/min 之间。在进行粗抛的过程中，旋转速度会稍微加快；在进行精抛或抛软材料的过程中，需要降低转速。在抛光盘上，需要铺设由不同材质制成的抛光布。对于钢铁试样，通常使用呢布进行抛光；对于 Cu、Al 等非铁金属试样，通常使用金丝绒、丝绸等软质材料进行抛光。在抛光过程中，需要不断地向抛光盘上添加抛光液，以实现磨削和润滑的效果。通常使用的抛光液是由抛光粉和水混合而成的悬浮液，其中抛光粉包括 Al_2O_3、MgO 或 Cr_2O_3 等成分，其粒度在 0.3~1 μm 范围内。如果条件允许，使用金刚石研磨膏会带来更好的效果。抛光试样的表面应该均匀地、平整地压在旋转的抛光盘上，试样需要用 3 根手指紧紧抓住，与抛光布紧密接触，保持适当的压力。在抛光过程中，试样需要按照抛光盘的旋转方向进行自我旋转，并从光盘的边缘向中心进行缓慢的来回移动。在抛光过程中，时间不应过长，一旦试样表面的磨痕被消除并呈现出明亮的镜面效果，抛光就应立即停止。在用水彻底冲洗试样之后，就可以开始进行浸蚀处理。

（4）浸蚀。

经过抛光处理的试样，如果直接在显微镜下进行观察，只能看到一片明亮的光线，或者只能看到一些孔洞、裂缝、石墨、非金属杂质等，无法区分各种成分和形态特征。如果想要观察金属的结构，就必须使用适当的浸蚀剂进行浸蚀，如图 2.9 所示。

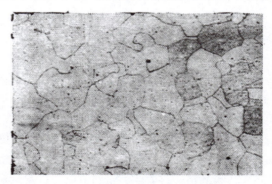

图 2.9　单相金属浸蚀处理后的效果

对含两相或更多相的合金组织而言，浸蚀过程又是电化学腐蚀过程，因组成相的不同而分别有不同电极电位，当试样浸泡在有电解液作用的浸蚀剂内时，两相间便形成了无数对"微电池"。负电位一相变成阳极并很快溶解于浸蚀剂内，同时使这一相产生凹注；另一电位为正的相为阴极，不受正常电化学作用的浸蚀，维持原来光滑的表面。当光照射到凸凹不平的试样表面上时，因各部位对光的反射程度不一样，显微镜下可以看到多种组织和组成相，如图 2.10 所示。

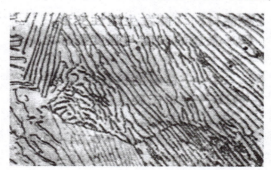

图 2.10　双相合金浸蚀处理后的效果

常用材料使用的浸蚀剂如表2.3所示。

表2.3　常用材料使用的浸蚀剂

材料	浸蚀剂
普通钢与铸铁	(1) 2%~4%硝酸酒精溶液 (2) 2%~4%苦味酸酒精溶液
铝及其合金	(1) 0.5%HF 溶液 (2) 1%NaOH 溶液 (3) 1%HF+2.5%HNO_3+1.5%HCl 溶液
铜及其合金	(1) 8%$CuCl_2$溶液 (2) 3%$FeCl_3$+10%HCl 溶液 (3) $FeCl_3$(5 g)+HCl (50 ml)+H_2O(100 ml)
轴承合金	(1) 2%~4%硝酸酒精溶液 (2) 75%CH_3COOH+25%NHO_3溶液
不锈钢	(1) HNO_3(10 ml)+HCl(30 ml)+甘油(30 ml) (2) $FeCl_3$(5 g)+HCl (50 ml)+H_2O(100 ml) (3) $CuSO_4$(4 g)+HCl(20 ml)+H_2O(20 ml)

在浸蚀过程中，可以将试样的磨面浸入浸蚀剂，或者使用棉花沾上浸蚀剂来擦拭磨面。组织的特性和在观察时的放大倍数决定了浸蚀的深度。一般情况下，组织越细，厚度越小，越容易被浸蚀。在进行高倍数的观察时，浸蚀的深度应稍微浅一些；在进行低倍数的观察时，浸蚀的深度应稍微深一些。与双相组织相比，单相组织的浸蚀更深，而双相组织的浸蚀则相对较浅。通常，当试样的磨面变暗时，就可以开始浸蚀。在金相试样被浸蚀之后，首先需要用水进行冲洗，然后滴入几滴酒精，接着用滤纸将其吸干，最后利用吹风机将其吹干。至此，金相试样的制备过程已经全部完成，可以在显微镜下进行详细的观察和分析。

2）显微镜的使用

（1）显微镜的用途与种类。

显微镜被认为是进行金属材料显微分析的关键设备，可用于探究金属结构与其成分和性质之间的相互关系，明确各类金属在经过不同的加工和热处理之后的微观结构，进一步确定晶粒的尺寸，并识别金属材料中非金属杂质的数量和分布模式等。显微镜有多种类型，根据其外观，可以分为台式、立式和卧式3种主要类型；根据不同的应用场景，显微镜可以分为偏光显微镜、干涉显微镜、低温显微镜及高温显微镜等。

（2）显微镜的成像原理。

如图2.11所示，靠近物体的一组透镜为物镜，靠近人眼的一组透镜为目镜。AB置于物镜的1倍焦距以外时，在物镜的另一侧2倍焦距以外形成一个倒立、放大的实像$B'A'$（中间像），当实像$B'A'$位于目镜1倍焦距以内时，目镜又使实像$B'A'$放大，得到$B'A'$的正立虚像$B''A''$。最后的虚像$B''A''$的放大倍数是物镜与目镜放大倍数的乘积。显微镜的放大倍数M用下式计算：

$$M = M_物 M_目 \qquad\qquad (2.1)$$

式中，$M_物$——物镜的放大倍数；

　　　$M_目$——目镜的放大倍数。

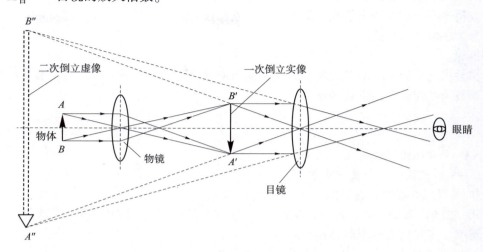

图 2.11　显微镜的成像原理

（3）显微镜的主要性能参数。

①分辨率及数值孔径。

显微镜的分辨率通常用可以分辨出相邻两个物点的最小距离 d 来衡量，这个距离越小，显微镜的分辨率越高。最小距离 d 可用下式表示：

$$d = \frac{\lambda}{2\text{NA}} \tag{2.2}$$

式中，λ——照明入射光的波长；

　　　NA——物镜的数值孔径，表征物镜的聚光能力。

式（2.2）表明，显微镜的分辨率与光源的波长成反比，而与透镜的数值孔径成正比。也就是说，入射光的波长越短，其分辨率就越高。通过添加滤色片，可以调整光源的波长。由于蓝光的波长是 0.55 μm，而绿光的波长是 0.44 μm，因此采用黄、绿、蓝等不同的滤色片可以有效地提升显微镜的分辨率。

NA 越大，显微镜的分辨率越高。NA 用下式计算：

$$\text{NA} = n\sin\theta \tag{2.3}$$

式中，n——物镜与观察物之间介质的折射率；

　　　θ——物镜的孔径半角，即通过物镜边缘的光线与物镜轴线所成夹角。

由于 $\sin\theta < 1$，所以以空气为介质的干系统物镜的 NA<1。在以油为介质的情况下，$n \approx 1.5$，数值孔径 $n\sin\theta \approx 1.25 \sim 1.35$，所以高倍物镜常设计为油镜。常用香柏油作介质，最大数值孔径为 1.40。

②有效放大倍数。

人类眼睛的分辨率约为 0.2 mm，而显微镜的最大分辨率约为 0.2 μm。显微镜需要有充足的放大能力，将其可分辨的最短距离扩大到人类眼睛能够识别的水平。对应的放大倍数被称为有效放大倍数 $M_有效$。它等于人眼的分辨率除以显微镜的分辨率所得的商值，即

$$M_有效 = \frac{人眼的分辨率}{显微镜的分辨率} \tag{2.4}$$

考虑到人眼的分辨率约为 0.2 mm，而显微镜的最大分辨率可以达到 0.2 μm，这意味着其有效的放大倍数可以达到 1 000 倍。实际操作中，为了减轻人眼的工作压力，选择的放大倍数应该稍微高于有效放大倍数。显微镜的最大放大倍数就是基于这些原则来确定的，其数值范围为 1 000~1 500 倍。

③景深。

景深是指物平面允许的轴向偏差，是表征物镜对位于不同平面上的目的物细节是否清晰成像的参数。景深 h 可由下式表示：

$$h = \frac{n}{\text{NA}M} \tag{2.5}$$

式中，NA——物镜的数值孔径；

n——目的物所在介质的折射率；

M——显微镜的放大倍数。

由式（2.5）可知，如果要求景深较大，最好选用数值孔径小的物镜，但这会降低显微镜的分辨率。工作时要根据具体情况取舍。

（4）显微镜的构造。

显微镜由光学系统、照明系统和机械系统 3 个部分组成。另外，有一些显微镜还配有照相装置等附件。

图 2.12 为常见台式显微镜的光学系统结构。由灯泡产生的光束，首先通过聚光透镜组 2 和反光镜汇聚在孔径光阑上；接着通过聚光透镜组 3、半反射镜、辅助透镜 5 再次聚焦在物镜组的后方焦平面上；最后通过物镜的照射，确保试样的表面获得均匀且充足的光照。为了获得较高的图像质量，必须保证镜筒内各部分光学尺寸一致。从试样的表面反射回来的光线，通过物镜组、辅助透镜 5、半反射镜、辅助透镜 11、棱镜 12、棱镜 13，形成一个物体的倒立放大实像。这个实像在目镜的辅助下进一步放大，从而获得试样表面的放大图像。

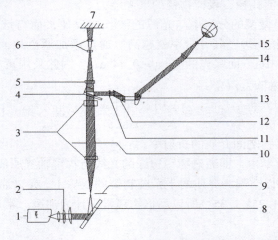

1—灯泡；2，3—聚光透镜组；4—半反射镜；5，11—辅助透镜；6—物镜组；7—试样；
8—反光镜；9—孔径光阑；10—视场光阑；12，13—棱镜；14—场镜；15—目镜。

图 2.12　常见台式显微镜的光学系统结构

台式显微镜的结构如图 2.13 所示。照明源是低压（6~8 V）钨丝灯泡，装在底座上。光路安装有孔径光阑、视场光阑。孔径光阑装于照明反射镜座内，上面的刻度以指示孔径为毫米数。孔径光阑具有控制入射光束尺寸的功能，减小孔径光阑可减小像差、增加景深、提高映像衬度等，会导致物镜分辨率下降。视场光阑设置于物镜支架下，利用转动滚花套圈调整视场光阑的尺寸以增加映像衬度，且不会对物镜的分辨率造成影响。载物台是放置试样的平台，载物台和托盘间设有四方导架且二者间存在黏性油膜，可以实现载物台沿水平面内某一方向运动。显微镜体的两侧分别设有粗动、微动调焦旋钮。旋转粗动调焦旋钮可使载物台迅速升降，旋转微动调焦旋钮可使物镜缓慢地上下运动，以便精确调焦。物镜装在物镜转换器内，可以同时装 3 个放大倍数不同的物镜，旋转物镜转换器可以对物镜进行转换。目镜安装在镜筒上，镜筒倾斜 45°，也可将目镜调至 90°水平状态进行显微摄影。

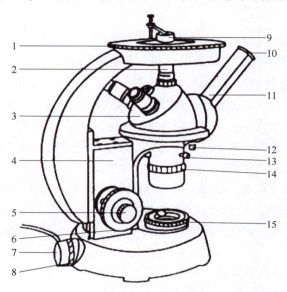

1—载物台；2—物镜；3—物镜转换器；4—传动箱；5—微动调焦旋钮；6—粗动调焦旋钮；7—光源；8—偏心圈；9—试样；10—目镜；11—目镜管；12—固定螺钉；13—调节螺钉；14—视场光阑；15—孔径光阑。

图 2.13　台式显微镜的结构

3. 实验材料和设备

（1）实验材料：标准圆形钢、铜、铝质金相试样若干。

（2）实验设备：台式显微镜、砂轮机、金相试样镶嵌机、抛光机、电吹风、砂纸、相纸、抛光液、浸蚀剂等。

4. 实验方法和步骤

（1）每人 1 个某材质圆形试样，按照金相试样制备步骤制备金相试样，并且通过教师的测试。

（2）探讨台式显微镜的构造、工作原理、操作技巧及需要注意的细节，绘制自己制作的样本的微观示意图。

5. 实验分组

每人为 1 组，每组 1 个试样，完成金相试样制备并进行绘图和显微镜拍照。

6. 实验报告

（1）画出制备的金相组织，并注明放大倍数、所用浸蚀剂等信息。

（2）使用显微镜进行拍照，打印照片，并将照片粘贴在记录单中，注明仪器型号等信息。

7. 课后作业

（1）简述显微镜的放大原理、使用方法及注意事项。

（2）简述金相试样制备过程及试样腐蚀原理。

2.4　不同 C 含量对钢组织与性能的影响

2.4.1　概述

Fe-C 合金是目前使用最广泛的金属材料，其包含钢和铸铁。对 Fe-C 合金的研究工作中，Fe-C 相图是十分重要的参考依据，相图中给出了 Fe-C 合金在平衡状态下的凝固过程及相变过程，对研究 C 含量对微观组织的影响有很大的帮助。常见的 Fe-C 相图为 Fe-Fe$_3$C 相图，根据不同的 C 含量将 Fe-C 合金划分为 7 种，分别为工业纯铁、亚共析钢、共析钢、过共析钢、亚共晶白口铸铁、共晶白口铸铁和过共晶白口铸铁。这 7 种合金中都存在 Fe$_3$C，因此认为 C 在 Fe-C 合金中以渗碳体的形式存在。但是，白口铸铁并没有被广泛使用，因为白口铸铁中的渗碳体含量较多，性能表现为脆性较大，而且渗碳体机械性能很高，难以加工。实际使用广泛的铸铁是灰口铸铁，在灰口铸铁中，C 并不以 Fe$_3$C 的形式存在，而是以石墨的形式存在。研究灰口铸铁，可以参考 Fe-C 合金的另一个相图，即 Fe-G 相图，其中G 指石墨。

1. Fe-C 合金的组元及基本相

1）纯铁

Fe 有多种晶体形态，在 Fe-Fe$_3$C 相图中给出了 Fe 的凝固冷却曲线，可以得知在 1 538 ℃时，Fe 结晶为高温铁素体（δ-Fe），为体心立方晶格。当温度降低到 1 394 ℃时，高温铁素体转变为奥氏体（γ-Fe），为面心立方晶格，通常把 δ-Fe⇆γ-Fe 的转变称为 A$_4$ 转变。当温度降至 912 ℃时，面心立方晶格的 γ-Fe 又转变为体心立方晶格的 α-Fe，把 γ-Fe⇆α-Fe 的转变称为 A$_3$ 转变。在 912 ℃以下，Fe 的结构不再发生改变，这样一来，Fe 便具有 3 种同素异晶状态，分别为 δ-Fe、γ-Fe 和 α-Fe。

特别指出，γ-Fe 具有顺磁性，δ-Fe 和 α-Fe 具有铁磁性，因此众多以奥氏体为基体的高合金钢，包括奥氏体不锈钢都表现为顺磁性，磁性的转变不属于相变。

2）铁素体和奥氏体

铁素体是 C 溶于 α-Fe 中的间隙固溶体，为体心立方晶格，用符号 F 或 α 表示。奥氏体是 C 溶于 γ-Fe 中的间隙固溶体，为面心立方晶格，用符号 A 或 γ 表示。铁素体和奥氏体是 Fe-C 相图中两个十分重要的基本相。

奥氏体的 $w(C)_{max}$=2.11%（1 148 ℃），而铁素体的 $w(C)_{max}$=0.021 8%（727 ℃），在室温下的溶碳能力一般在 0.001% 以下。

C 溶于体心立方晶格 δ-Fe 中的间隙固溶体称为 δ 铁素体，以 δ 表示，$w(C)_{max}$=0.09%（1 495 ℃）。

在对金属材料的研究中发现，具有面心立方晶格的金属具有较高的塑性和韧性，因此在低温环境中使用的金属大多数为面心立方晶格。但具有面心立方晶格的金属其强度和硬度较低，因此在钢铁的使用过程中，常加入合金元素来进行强化。

3）渗碳体

渗碳体是 Fe 与 C 形成的间隙化合物 Fe_3C，$w(C) = 6.69\%$，可以用符号 C_m 表示，是 Fe-C 相图中重要基本相。渗碳体具有很高的硬度，约为 800 HBW，塑性极差，延伸率接近于零。渗碳体于低温下具有一定的铁磁性，但在 230 ℃以上，铁磁性消失，因此 230 ℃是渗碳体的磁性转变温度，称为 A_0 转变。

2. C 含量对 Fe-C 合金平衡组织和性能的影响

1）对平衡组织的影响

从图 2.14 来看，Fe-C 合金在室温下的平衡组织皆由铁素体和渗碳体两相所组成。其铁素体的变化趋势为当 $w(C) = 0$ 时，其室温组织为 100%铁素体和 0%渗碳体；当 $w(C) = 6.69\%$时，其室温组织为 0%铁素体和 100%渗碳体。也就是说，随着 C 含量的增加，铁素体含量不断减少，渗碳体含量不断增多。

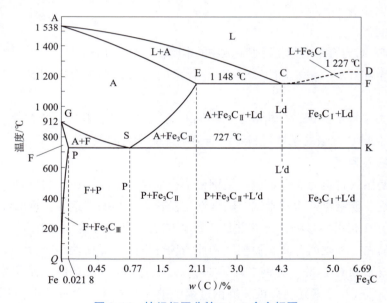

图 2.14　按组织区分的 Fe-C 合金相图

C 含量的变换，不只使铁素体和渗碳体相对发生变化，同时也使组织发生变化，从图 2.14 中可以看出，随着 C 含量的增加，Fe-C 合金的组织变化顺序为

$$F \rightarrow F + Fe_3C_{III} \rightarrow F + P \rightarrow P \rightarrow P + Fe_3C_{II} \rightarrow P + Fe_3C_{II} + L'd \rightarrow L'd \rightarrow Fe_3C_I + L'd$$

可见，同一种组成相，由于生成条件的不同，虽然相的本质未变，但其形态可以有很大的差异。例如，从奥氏体中析出的铁素体一般呈块状，而经共析反应生成的珠光体中的铁素体，由于同渗碳体要相互制约，呈交替层片状。

2）对机械性能的影响

铁素体是软韧相，渗碳体是硬脆相，因此随着渗碳体的不断增多，铁素体的不断减少，合金的机械性能表现为越来越硬。而在室温组织中出现的珠光体和莱氏体，又分别是铁素体和渗碳体组成的混合物。珠光体为铁素体和渗碳体组成的层片相间的机械混合物，莱氏体是珠光体和渗碳体组成的混合物，因此珠光体和莱氏体具有较高的强度和硬度，但塑性较差。同时，珠光体又可以按照其层片间距由宽到细分为珠光体、索氏体和托氏体（屈氏体）3种，其层片间距越细，强度越高，脆性越大。

3）对工艺性能的影响

对工艺性能的影响，主要指对机加工性能的影响。当钢中铁素体含量较多时，塑性韧性好，在机加工过程中会产生较大的切削热，造成粘刀，切削不易折断，表面粗糙度值较高，因此整体表现为切削加工性能不好。当钢中渗碳体含量较多时，表面硬度值较高，机加工时会严重磨损刀具，切削性能同样较差。当铁素体和渗碳体比例适当时，如中碳钢，硬度和塑性较为适中，切削加工性能较好。一般认为，当钢的表面硬度大致为 250 HBW 时，其切削加工性能较好。

2.4.2　实验项目：不同 C 含量对钢组织与性能的影响

微课视频 不同 C
含量对钢组织
与性能的影响

1. 实验目的

（1）了解 Fe-C 合金中的相及组织组成物的本质、形态及分布特征。

（2）通过金相观察，分析和了解不同 C 含量的钢铁材料正火轧制态的组织特征。

（3）通过力学性能测试，分析和了解不同 C 含量的钢铁材料的力学性能。

（4）熟悉不同 C 含量的钢铁材料组织与力学性能之间的关系。

2. 实验内容及原理

本实验所使用的材料为非合金钢，是钢材中产量最多、应用最广的材料。非合金钢也称为碳钢及碳锰钢，碳钢也称为碳素钢，碳锰钢是锰含量较高的碳钢。碳钢的性能主要取决于显微组织，除了 C 含量的影响，还有热加工的影响。比如，在退火或热轧状态下，随 C 含量的增加，钢的强度和硬度升高，而塑性和冲击韧性下降，焊接性和冷弯性变差。所以在工程应用中，需要限制 C 含量。碳钢中除了 Fe、C 两种元素，还有伴生元素如 Mn、Si、Ni、P、S、O、N 等，这些元素是在炼铁和炼钢过程中进入的元素，含量较少，并不会改变碳钢性能，不能称为合金元素，只有当元素含量超过一定值，起到明显改善性能的作用时，才能称为合金元素。

本实验对不同 C 含量的碳钢进行金相组织观察、硬度测试等，研究不同 C 含量对碳钢组织及性能的影响。

3. 实验材料和设备

（1）实验材料：10 圆钢、20 圆钢、35 圆钢、45 圆钢、55 圆钢、抛光液、无水乙醇、4%硝酸酒精溶液等。

（2）实验设备：金相砂纸、抛光布、镊子、脱脂棉、金相玻璃板、洛氏硬度计（HRB）、淬火钢球压头、预磨机、抛光机、金相显微镜、金属切割机等。

4. 实验方法和步骤

1）标记及取样

（1）使用金属切割机进行取样。

（2）对不同牌号的钢种进行标记编号。

2）金相试样的制备

（1）粗磨：利用预磨机将试样的底部及顶部磨平。

（2）精磨：选用 120#、240#、320#、400#、500#和 600#砂纸分别对试样进行磨制。

（3）抛光：利用抛光机对精磨后的试样表面进行抛光。

（4）浸蚀：用已配置好的 4%硝酸酒精溶液进行浸蚀 5~8 s，待进行金相组织观察。

3）金相组织观察

（1）将已制备的金相试样放在金相显微镜下进行组织观察，对比不同牌号的钢珠光体及铁素体的分布、尺寸及形态特征。

（2）在实验记录单中画出不同牌号的组织示意图。

4）硬度检测

（1）将淬火钢球压头安装在洛氏硬度计上，调整洛氏硬度计载荷至 980 N。

（2）开机，使用标准 HRB 硬度块进行硬度测试，校准洛氏硬度计。

（3）对不同牌号的试样进行硬度测试，并记录于表 2.4 中。

表 2.4　不同碳含量圆钢硬度值

钢种	硬度　HRB				组织
	1	2	3	平均	
10					
20					
30					
45					
55					

5. 实验分组

每 5 人为 1 组。根据不同 C 含量的圆钢，可得 5 个不同钢种试样，每组每人 1 个试样，完成金相制备及硬度检测后，组内完成数据汇总。

6. 实验报告

（1）画出不同 C 含量钢种的金相组织，并进行比较。

（2）将测得的硬度数据填入对应表格中，并进行比较。

7. 课后作业

（1）简述不同 C 含量对碳钢组织的影响。

（2）简述不同 C 含量对碳钢力学性能的影响。

2.5 合金元素对 Al 合金组织与性能的影响

2.5.1 概述

1. 铸造 Al 合金

铸造 Al 合金在纯铝的基础上加入了其他金属或非金属元素，不仅能保持纯铝的基本性能，而且由于合金化及热处理的作用，具有良好的综合性能。目前，Al 及 Al 合金的研究和应用得到了很大的发展，在工业上占有越来越重要的地位，大量用于军事、工业、农业和交通运输等领域，也广泛用于建筑结构材料、家庭生活用具和体育用品等。

铸造 Al 合金一般分为以下 4 个系列。

（1）Al-Si 合金。该系列合金又称为硅铝明，一般 $w(Si)= 4\% \sim 22\%$。Al-Si 合金具有优良的铸造性能，如流动性好、气密性好、收缩率小和热裂倾向小，经过变质和热处理之后，具有良好的力学性能、物理性能、耐腐蚀性能和中等的机加工性能，是铸造 Al 合金中品种最多、用途最广的一类。表 2.5 给出了部分 Al-Si 合金的牌号、代号和主要化学成分。

表 2.5 部分 Al-Si 合金的牌号、代号和主要化学成分

牌号	代号	主要化学成分/%					
		$w(Si)$	$w(Cu)$	$w(Mg)$	$w(Mn)$	$w(Ti)$	$w(Al)$
ZAlSi7Mg	ZL101	6.5~7.5	—	0.25~0.45	—	—	余量
ZAlSi12	ZL102	10.0~13.0	—	—	—	—	余量
ZAlSi9Mg	ZL104	8.0~10.5	—	0.17~0.35	0.2~0.5	—	余量
ZAlSi5Cu1Mg	ZL105	4.5~5.5	1.0~1.5	0.4~0.6	—	—	余量
ZAlSi8Cu1Mg	ZL106	7.5~8.5	1.0~1.5	0.3~0.5	0.3~0.5	0.10~0.25	余量
ZAlSi7Cu4	ZL107	6.5~7.5	3.5~4.5				余量

（2）Al-Cu 合金。该系列合金中 $w(Cu)= 3\% \sim 11\%$，加入其他元素使室温和高温力学性能大幅度提高。例如，ZL205A（T6）的标准抗拉强度为 490 MPa，是目前世界上抗拉强度最高的铸造 Al 合金之一；ZL206、ZL207 和 ZL208 具有很高的耐热性能；ZL207 中添加了混合稀土，提高了合金的高温强度和热稳定性，可用于 350~400 ℃下工作的零件，缺点是室温力学性能较差，特别是断后伸长率很低。Al-Cu 合金具有良好的切削加工和焊接性能，但铸造性能和耐腐蚀性能较差。这类合金在航空产品上应用较广，主要用作承受大载荷的结构件和耐热零件。表 2.6 给出了部分 Al-Cu 合金的牌号、代号和主要化学成分。

表 2.6　部分 Al-Cu 合金的牌号、代号和主要化学成分

牌号	代号	主要化学成分/%					
		$w(\text{Cu})$	$w(\text{Mg})$	$w(\text{Mn})$	$w(\text{Ti})$	$w(\text{Cd})$	$w(\text{Al})$
ZAlCu5Mn	ZL201	4.5~5.3	—	0.6~1.0	0.15~0.35	—	余量
ZAlCu5MnA	ZL201A	4.8~5.3	—	0.6~1.0	0.15~0.35	—	余量
ZAlCu10	ZL202	9.0~11.0	—	—	—	—	余量
ZAlCu4	ZL203	4.0~5.0	—	—	—	—	余量
ZAlCu5MnCdA	ZL204A	4.6~5.3	—	0.6~0.9	0.15~0.35	0.15~0.25	余量

（3）Al-Mg 合金。该系列合金中 $w(\text{Mg})=4\%\sim11\%$，密度小，具有较高的力学性能，优异的耐腐蚀性能，良好的切削加工性能，加工表面光亮美观。该系列合金熔炼和铸造工艺较复杂，除用作耐蚀合金外，也用作装饰用合金。表 2.7 给出了部分 Al-Mg 合金的牌号、代号和主要化学成分。

表 2.7　部分 Al-Mg 合金的牌号、代号和主要化学成分

牌号	代号	主要化学成分/%					
		$w(\text{Si})$	$w(\text{Mg})$	$w(\text{Zn})$	$w(\text{Mn})$	$w(\text{Ti})$	$w(\text{Al})$
ZAlMg10	ZL301	—	9.5~11.0	—	—	—	余量
YZAlMg5Si1	YL302	—	7.6~8.6	—	—	—	余量
ZAlMg5Si	ZL303	0.8~1.3	4.5~5.5	—	0.1~0.4	—	余量

（4）Al-Zn 合金。该系列合金中 Zn 在 Al 中的溶解度大，当 Al 中加入 Zn 的质量分数大于 10% 时，能显著提高合金的强度。该系列合金自然时效倾向大，不需要热处理就能得到较高的强度，缺点是耐腐蚀性能差，密度大，铸造时容易产生热裂，主要用作压铸仪表壳体类零件。表 2.8 给出了部分 Al-Zn 合金的牌号、代号和主要化学成分。

表 2.8　部分 Al-Zn 合金的牌号、代号和主要化学成分

牌号	代号	主要化学成分/%					
		$w(\text{Si})$	$w(\text{Mg})$	$w(\text{Zn})$	$w(\text{Ti})$	$w(\text{Cr})$	$w(\text{Al})$
ZAlZn11Si7	ZL401	6.0~8.0	0.1~0.3	9.0~13.0	—	—	余量
ZAlZn6Mg	ZL402	—	0.5~0.65	5.0~6.5	0.15~0.25	0.4~0.6	余量

2. 变形 Al 合金

我国生产的变形 Al 合金以前是按性能和用途分类的，即工业纯铝、防锈铝、硬铝、超硬铝及锻铝，还有烧结铝和复合铝及其合金材料半成品，除工业纯铝外，其他均属 Al 与一种或几种主要元素形成的合金。

纯铝及 Al 合金目前采用国际通用的四位数字体系命名牌号，如表 2.9 所示。根据国际通用的状态代号并结合我国特有的状态代号规定了变形铝及 Al 合金的状态代号，如表 2.10 所示，细分状态可查 GB/T 16475—2023《变形铝及铝合金产品状态代号》。

表 2.9　钝铝及 Al 合金的牌号

组别	牌号系列
纯铝（$w(\mathrm{Al}) \geqslant 99.00\%$）	1xxx
以 Cu 为主要合金元素的 Al 合金	2xxx
以 Mn 为主要合金元素的 Al 合金	3xxx
以 Si 为主要合金元素的 Al 合金	4xxx
以 Mg 为主要合金元素的 Al 合金	5xxx
以 Mg 和 Si 为主要合金元素并以 Mg_2Si 相为强化相的 Al 合金	6xxx
以 Zn 为主要合金元素的 Al 合金	7xxx
以其他合金元素为主要合金元素的 Al 合金	8xxx
备用 Al 合金	9xxx

表 2.10　变形铝及 Al 合金的状态代号

代号	名称
F	自由加工状态
O	退火状态
H	加工硬化状态
W	固溶处理状态
T	热处理状态（与 F、O、H 状态不同）

在常用的合金元素中，Al 和 Ag、Zn、Mg、Cu、Li、Mn、Ni、Fe 及非金属元素 Si 在靠 Al 一边形成共晶反应；和 Cr、Ti 形成包晶反应；在 Al-Pb 系列合金中出现偏晶反应。它们在 Al 中的固溶度：Ag、Zn、Mg、Cu、Li 最大，Mn、Si、Ni、Ti、Cr、Fe 次之，Pb 最小。

合金中的 Cu、Li 等元素及合金中的化合物 Mg_2Si、$MgZn_2$、S 相（Al_2CuMg）等，由于随温度高低有较大的固溶度变化，所以经淬火及时效后能使合金显著强化。

Fe、Si 在有的合金中作为杂质加以控制，它们和 Al 形成 $FeAl_3$、$FeSi_3Al_{12}$、$Fe_2Si_2Al_9$ 等，并会和合金中的 Mn 等形成更复杂的化合物，如（FeMn）Al_6、Mn_3SiAl_{12}、Cu_2FeAl_7、（FeMnSi）Al_6 等。其中，（FeMn）Al_6 是 Fe 溶于 $MnAl_6$ 或 Mn 溶于 $FeAl_3$ 中的固溶体，而（FeMnSi）Al_6 则为铁溶于 Mn_3SiAl_{12} 中的固溶体。由于这些化合物都不固溶或很少固溶于 α-Al 中，所以对合金的时效强化作用很小，或不参与强化。

综上所述，这些杂质相对合金的时效强化有不良影响，但如果据其特性合理使用，则可以改变合金的其他性能。例如，当 $w(\mathrm{Fe})/w(\mathrm{Si}) \geqslant 2$ 时，工业纯铝中有更多的 $FeAl_3$ 相，这时有好的耐高温动水腐蚀性能。调整 Fe、Si 含量或加入其他元素能使合金中的 Fe、Si 杂质相成为骨骼状的 $FeSi_3Al_{12}$ 或（FeMnSi）Al_6，便可消除因 $Fe_2Si_2Al_9$ 或（FeMn）Al_6 粗大片状物造成的合金塑性和工艺性能降低的现象。

固溶于 Al 中的 Mn、Cr、Zr 等元素不但能提高合金的再结晶温度，而且即使在比较缓慢的冷却速度下也很难析出，必须在随后加热时才析出，这种现象称为回火分解，析出物呈点状，是 Mn、Cr 和 Al 及其他元素的化合物，是有些合金弥散强化的主要相，其分布状态对合金性能影响很大。

Ti 是某些合金已广泛应用的变质剂，可细化合金的晶粒，能使连续铸造铸锭不易产生"孪晶"（即不易出现羽毛状晶）并提高 Al 的再结晶温度。由于 Ti 可细化变形合金的晶粒，而且在有 Fe 存在时，其提高再结晶温度的能力比无 Fe 存在时更大，因此能够提高合金力学性能，保证合金具有良好的工艺性能和机加工性。

微课视频 合金元素
对 Al 合金组织与
性能的影响

2.5.2　实验项目：合金元素对 Al 合金组织与性能的影响

1. 实验目的

（1）了解 Al 及 Al 合金中的相及组织组成物的本质、形态及分布特征。

（2）通过金相观察，分析和了解不同合金元素的 Al 合金的组织特征。

（3）通过力学性能测试，分析和了解不同合金元素的 Al 合金的性能特点。

（4）清楚合金元素与 Al 合金组织和性能之间的对应关系。

2. 实验内容及原理

GB/T 8005.1—2019《铝及铝合金术语　第 1 部分：产品及加工处理工艺》中规定的合金元素，是指为使金属具有某种特性，在基体金属中有意加入或保留的金属或非金属元素。当然，相对应的就是杂质元素。按 GB/T 8005.1—2019 规定，杂质元素是存在于金属中但并非有意加入或保留的合金元素或非金属元素。对一种合金来讲是合金元素，对另一种合金来讲则可能是受控制的杂质元素。杂质元素一般存在数量较少，在具体合金中都有规定。杂质元素并非都是有害的，如 Al 合金中杂质 Mn 在某方面可能还有好处；多数杂质元素应避免，有的甚至绝对不允许存在。

在变形 Al 合金的生产条件下，铸造时的结晶速度、化学成分、热处理工艺、加工方式对合金中各相的形态都有一定的影响。图 2.15 为 Al 合金中部分组成相的形貌特征。

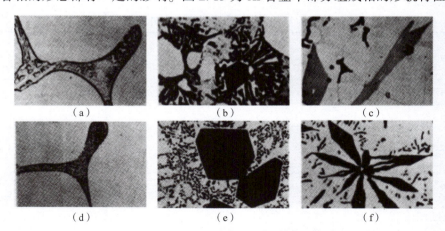

（a）　　　　　　　　　（b）　　　　　　　　　（c）

（d）　　　　　　　　　（e）　　　　　　　　　（f）

图 2.15　Al 合金中部分组成相的形貌特征

（a）Al_2Cu；（b）Mg_2Si；（c）$(FeMn)Al_6$；（d）S 相（Al_2CuMg）；（e）Si；（f）$FeAl_3$

本实验应用金相组织观察及力学性能检测，分析合金元素对 Al 合金组织与性能的影响，熟悉并认识不同 Al 合金中第二相的特征及分布情况。

3. 实验材料和设备

（1）实验材料：工业纯铝、Al-Cu 合金、Al-Si 合金、Al-Mg-Si 合金、Al-Cu-Mg 合金、Al-Mg 合金、Al-Mn 合金、Al-Zn-Mg 合金、抛光液、无水乙醇、1%氢氟酸水溶液、混合酸水溶液、科勒试剂等。

（2）实验设备：金相砂纸、抛光布、镊子、脱脂棉、金相玻璃板、洛氏硬度计（HRB）、淬火钢球压头、预磨机、抛光机、金相显微镜、手锯、台虎钳等。

4. 实验方法和步骤

1）标记及取样

（1）使用手锯进行取样。

（2）对不同种类的 Al 合金进行标记编号。

2）金相试样的制备

（1）粗磨：利用预磨机将试样的底部及顶部磨平。

（2）精磨：选用 120#、240#、320#、400#、500#和 600#砂纸分别对试样进行磨制。

（3）抛光：利用抛光机对精磨后的试样表面进行抛光。

（4）浸蚀：用已配置好的浸蚀剂（1%氢氟酸水溶液、混合酸水溶液、科勒试剂）进行浸蚀，待进行金相组织观察。

3）金相组织观察

（1）将已制备的金相试样放在金相显微镜下进行组织观察，对比不同种类的 Al 合金共晶组织或初晶相或第二相的分布、尺寸及形态特征。

（2）在实验记录单中画出不同种类 Al 合金的组织示意图。

4）硬度检测

（1）将淬火钢球压头安装在洛氏硬度计上，调整洛氏硬度计载荷至 980 N。

（2）开机，使用标准 HRB 硬度块进行硬度测试，校准洛氏硬度计。

（3）对不同种类 Al 合金的试样进行硬度测试，并记录于表 2.11 中。

表 2.11　含不同元素铝合金的硬度值

铝合金	硬度 HRB				组织
	1	2	3	平均	

5. 实验分组

每 6 人为 1 组。根据含有不同合金元素的 Al 合金试样进行分配，保证每组每人 1 个试样，完成金相试样制备及硬度检测后，组内完成数据汇总。

6. 实验报告

（1）画出含有不同合金元素的 Al 合金的金相组织，并进行比较。

（2）将测得的硬度数据填入对应表格中，并进行比较。

7. 课后作业

（1）简述 Si 对 Al 合金组织和性能的影响。

（2）简述 Mg 对 Al 合金组织和性能的影响。

2.6　碳钢的热处理及组织与性能分析

2.6.1　概述

钢铁材料在出厂前，需要进行热处理来改善其内部组织与力学性能，使其达到使用标准。比如，通过淬火和回火处理使钢铁制品获得回火组织，同时得到一定的强度和表面硬度；通过退火或正火处理使钢铁制品获得较好的塑性和韧性，方便后续的机械加工。

热处理工艺需要根据产品最终的使用性能进行制订，通常是根据钢在加热和冷却过程中的组织转变规律来制订的。简单来说，热处理工艺包含 3 种工艺参数，分别是加热温度、保温时间和冷却方式。

行业中常说"四把火"，指的是退火、正火、淬火和回火。而除了这"四把火"，还有固溶处理、时效处理、表面淬火、化学热处理等工艺。本小节仅介绍常规热处理工艺，即所谓的"四把火"。

1. 钢的退火和正火

退火工艺有很多，按照加热温度可分为临界温度以上的退火和临界温度以下的退火。临界温度指的是 Ac_1 或 Ac_3 温度，在此温度以上进行加热，合金处于奥氏体相区，随缓慢冷却发生相变，因此又称为相变重结晶退火，如完全退火、不完全退火、球化退火和扩散退火等工艺。如果在临界温度以下进行加热，合金将不会产生相变，如再结晶退火和去应力退火。

退火冷却时间较长，是一种近平衡的冷却方式，其获得的显微组织与相图中室温组织相同。退火处理后合金性能表现为较高的塑性和韧性，因此退火也被称为预备热处理工艺，但对于一些受力不大、性能要求不高的机器零件，也可作为最终热处理工艺，如铸件退火通常就是最终热处理工艺。

因此，退火工艺的定义为将组织偏离平衡状态的钢加热到适当的温度，保温一定时间，然后缓慢冷却，以获得接近平衡状态组织的热处理工艺。

正火可以视为是退火的一种特殊形式，是将钢加热到 Ac_3（对于亚共析钢）或 Ac_{cm}（对于过共析钢）以上适当的温度，保温一定时间，使之完全奥氏体化，然后在空气中冷却，以得到珠光体类型组织的热处理工艺。各种退火、正火方法的加热温度与 $Fe-Fe_3C$ 相图的关系如图 2.16 所示。

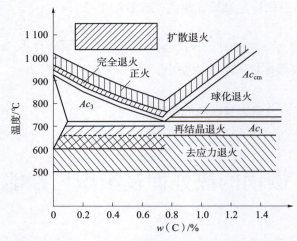

图 2.16　各种退火、正火方法的加热温度与 Fe–Fe$_3$C 相图的关系

2. 钢的淬火和回火

淬火是非常重要的热处理工艺，钢在淬火后可以获得较高的强度和硬度，其微观组织为马氏体。因此，淬火工艺的实质是使钢在奥氏体化后快速发生马氏体转变，获得马氏体组织，此外组织中还有少量的残余奥氏体及未溶第二相。

淬火的定义是将钢加热到临界温度 Ac_3 或 Ac_1 以上一定温度，保温一定时间后，以大于临界淬火速度的冷却速度进行快速冷却，获得马氏体组织的热处理工艺。

虽然钢在经过淬火后提高了强度、硬度和耐磨性，但是其内部存在较大的淬火应力，导致其同时具有较大的脆性，如以淬火状态用于结构零件，使用过程中极易发生脆性断裂，因此淬火后一定要进行回火处理，即淬火不能作为最终热处理工艺，必须要与回火配合。

对于钢件，一般认为回火是配合淬火的热处理工艺，其目的是稳定组织，减小或消除淬火应力，提高塑性和韧性，减小脆性，获得一定强度和硬度。

在热处理工艺制订中，常将回火按照加热温度分为低温回火、中温回火和高温回火 3 种。回火工艺，需要根据工件要求选择，不同的回火工艺使得钢件获得不同的微观组织和力学性能。

一般，低温回火使钢件获得较高的强度、硬度；中温回火使钢件获得较高的弹性性能；高温回火使钢件获得好的综合力学性能，具有一定强度、硬度和塑性、韧性。

3. 工艺参数的确定

上面所述常规热处理工艺，都由 3 种工艺参数所组成，分别是加热温度、保温时间和冷却方式。这 3 种工艺参数需要根据钢件的化学成分、尺寸等进行确定。

1）加热温度

加热温度的确定主要依据为 Fe–Fe$_3$C 相图，对于退火、正火和淬火工艺，其加热温度应在临界温度以上，使加热温度处于相图中的奥氏体相区，如此方能获得完全而均匀的奥氏体相。对于亚共析钢，如果加热温度超过 Ac_3 以上，退火后会获得等轴铁素体和片状珠光体，正火后会获得网状铁素体和片状珠光体，淬火后会获得马氏体组织。若将过共析钢加热到 Ac_{cm} 以上进行退火，就有可能得到网状二次渗碳体和珠光体组织，这种组织的硬度较高，不利于切削加工，也不利于随后的淬火操作，易于出现淬火裂纹。加热到 Ac_{cm} 以上淬火时，不仅使获得的马氏体组织粗大，而且会获得过多的残留奥氏体，导致硬度和耐磨性下降，脆性增加，甚至会出现淬火裂纹，因此过共析钢加热温度常在 $Ac_1 \sim Ac_{cm}$ 之间，加热时获得细小的奥氏体和少量渗碳体。

钢的常规热处理加热温度如表 2.12 所示。

表 2.12　钢的常规热处理加热温度

方法	加热温度/℃	应用范围
退火	$Ac_3 +$（30~50）	亚共析钢完全退火
	$Ac_1 +$（30~50）	共析钢、过共析钢球化退火
正火	$Ac_3 +$（30~50）	亚共析钢
	$Ac_1 +$（30~50）	共析钢、过共析钢
淬火	$Ac_3 +$（30~50）	亚共析钢
	$Ac_1 +$（30~50）	共析钢、过共析钢
低温回火	150~250	切削刃具、量具、冷冲模具、高硬度零件等
中温回火	350~500	弹簧、中等硬度件等
高温回火	500~650	轴、连杆等要求综合力学性能的零件

回火的目的是消除淬火应力，降低脆性，使性能达到使用目的。回火的温度与退火、正火、淬火的加热温度不同，回火温度不需要达到临界点温度以上，即回火过程不能发生相变，但需要发生组织形态的变化。马氏体是 C 在铁素体中的过饱和固溶体，具有很强的晶格畸变，因此产生较大的淬火应力，消除淬火应力的过程，会使得淬火马氏体形态发生转变，从而使脆性降低，改善塑性和韧性。对于低温回火，其目的是获得回火马氏体组织，具有一定强度、硬度；对于中温回火，其目的是获得回火托氏体（回火屈氏体），具有高的弹性极限和高的韧性；对于高温回火，其目的是获得回火索氏体，具有一定强度、硬度，同时又有良好的冲击韧性，即良好的综合力学性能。淬火+高温回火又称调质处理。

2）保温时间

保温时间是指工件入炉后，表面达到炉内指示温度的时间和工件心部与表面温度达到一致时的时间总和。也就是说，在此时间内，工件内外与炉内温度达到一致。因此，保温时间与钢的成分、原始组织、加热设备、加热介质、工件体积、装炉量、装炉方式和工艺本身的要求等许多因素均有关系。

根据经验公式可计算保温时间，在空气介质中，保温时间以炉内温度达到规定温度开始计时，碳钢根据工件有效厚度，按 1~1.5 min/mm 来计算，合金钢按 2~2.5 min/mm 计算；在盐浴介质中，保温时间可按空气介质计算的时间缩短 1~2 倍；回火时间常选在 1~2 h 之内。

3）冷却方式

碳钢热处理的冷却方式是十分重要的，冷却速度适当，才能获得所需求的组织和性能。C 曲线是判断冷却速度的主要依据，以 v_k 表示钢的临界冷却速度，当实际冷却速度大于 v_k 时，发生的热处理工艺为淬火工艺，获得完全马氏体组织；当实际冷却速度小于 v_k 时，则可能获得部分马氏体和部分珠光体组织或未获得马氏体组织。碳钢冷却速度与 C 曲线的关系如图 2.17 所示。

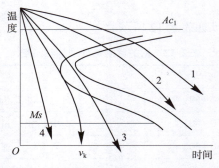

图 2.17 碳钢冷却速度与 C 曲线的关系

实际上，不同的冷却介质往往决定了钢件的冷却速度，如钢的退火一般采用随炉冷却，实际生产中为提高生产率，可在炉冷至 600～550 ℃时出炉空冷。正火多采用在空气中自然冷却的方式进行，大件常进行吹风冷却。碳钢的淬火冷却采用快冷的方式进行，如水冷或油冷。但是一方面，冷却速度要大于临界冷却速度，才能获得马氏体组织；另一方面，应在超过临界冷却速度的前提下，尽量缓慢冷却速度，以减少内应力，避免变形和开裂。比如，合金钢存在较宽的过冷奥氏体区，导致其临界冷却速度较"缓慢"，如果此时采用水冷冷却，常出现淬火裂纹。理想的淬火冷却介质，应该在过冷奥氏体最不稳定的温度范围（550～650 ℃）快冷，以超过临界冷却速度；而在马氏体转变温度范围（200～300 ℃）慢冷，以减少内应力。生产上常用的淬火介质都有其局限性，其冷却能力难以满足上述要求。因此，热处理生产中实际所用的淬火方法除了单液淬火，还有双液淬火、分级淬火、等温淬火等多种方法。

2.6.2 实验项目：碳钢的热处理及组织与性能分析

微课视频 碳钢的热处理
及组织与性能分析

1. 实验目的

（1）掌握碳钢的常规热处理（退火、正火、淬火及回火）操作方法。

（2）了解不同热处理工艺对碳钢的组织及性能（硬度）的影响。

2. 实验内容及原理

（1）退火：将钢加热到一定温度，保温一段时间后缓慢冷却，以获得接近平衡状态的组织。其目的是降低钢的硬度，提高钢的塑性和韧性，改善钢的组织缺陷，消除内应力。其冷却速度与 C 曲线的关系如图 2.17 中的线 1。

（2）正火：将钢加热到 Ac_3 以上 30～50 ℃，保温后出炉在空气中冷却，以获得较细的珠光体组织。其目的是提高低碳钢的切削性能，细化晶粒和均匀组织，消除网状碳化物。其冷却速度与 C 曲线的关系如图 2.17 中的线 2。

（3）淬火：将钢加热到相变温度（Ac_1 或 Ac_{cm}）以上，经保温后，再以大于该钢临界冷却速度的冷速快冷，以获得高硬度的马氏体组织。其冷却速度与 C 曲线的关系如图 2.17 中的线 4。

（4）回火：分为高温、中温、低温 3 种，目的是降低淬火应力，改善组织，获得使用性能。回火温度与硬度、韧性的关系如图 2.18 所示，可以说回火温度越高，回火后获得的硬度越低，韧性越高。

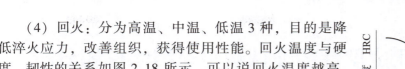

图 2.18　回火温度与硬度、韧性的关系

3. 实验材料和设备

（1）实验材料：原始状态的 45 钢或 T12 钢标准试样。

（2）实验设备：洛氏硬度计（HRC）、淬火水槽、油槽及淬火介质、箱式电阻加热炉、坩埚电阻加热炉及其控温仪表。

4. 实验方法和步骤

（1）实验人员按工艺表所列工艺条件分成若干小组，每组领取 2~3 件试样。

（2）对所领取的实验用试样进行不同工艺的热处理操作。

（3）用砂轮机磨去试样两端面的氧化皮，然后用洛氏硬度计（HRC）测定硬度。

（4）对实验室制备好的碳钢经过各种热处理后的金相试样进行观察，画出组织示意图。

（5）对实验结果进行对比分析。

5. 实验分组

每 6 人为 1 组。根据热处理工艺的不同，每人 1 个试样，完成金相试样制备和硬度测试，并记录于表 2.13 中。

表 2.13　不同热处理工艺试样的硬度及金相组织

组号	热处理工艺					硬度 HRC				金相组织
	加热温度	保温时间	冷却方式	回火温度	回火时间	1	2	3	平均	
1										
2										
3										
4										
5										
6										

6. 实验报告

（1）分析制备的金相组织，并确定其组织类别和形态特征。

（2）对不同热处理工艺试样进行硬度测试，并记录于对应表格中。

7. 课后作业

（1）中碳钢经加热保温后再水冷，可获得何种组织？为何具有高硬度？

（2）结合实验数据说明，45 钢水冷淬火后，再经不同温度（200 ℃、400 ℃、600 ℃）回火，钢的硬度和显微组织如何变化。

2.7 高冲压成型性能纯钛板带材组织性能分析

2.7.1 概述

纯钛的相变点为 882 ℃，低于此温度时其晶体结构属六方晶系，高于此温度为体心立方晶格，这一特点决定了纯钛板在常温下的塑性变形性能。与立方晶系金属不同，六方晶系金属滑移系少，且随 c 轴与 a 轴方向晶格常数比值（c/a）的变化而变化。纯钛的 $c/a = 1.578$，主滑移系为 $\{10\overline{1}0\}<11\overline{2}0>$，是柱面滑移，此外还有 $\{0001\}<11\overline{2}0>$ 和 $\{10\overline{1}1\}<11\overline{2}0>$ 滑移系。在这些滑移系中完全独立的滑移系只有 4 个，达不到米塞斯条件所要求的塑性变形必需的 5 个滑移系。然而，纯钛板却极富延展性，因此必定有上述滑移系之外的变形模式在起作用。有报告说，这种变形模式是有柏格斯矢量的滑移，且在较高温度下得到了证实。而另一重要的变形机制就是孪晶变形，纯钛中主要是 $\{10\overline{1}2\}<10\overline{1}1>$、$\{11\overline{2}1\}<11\overline{2}6>$ 及 $\{11\overline{2}2\}<11\overline{2}3>$ 孪晶系在起作用。滑移变形和孪晶变形在产生塑性变形这一点上是相同的，但其变形机制大相径庭。滑移变形在剪应力与滑移变形方向一致和相反的场合都会产生，而孪晶变形只有在剪应力方向与孪晶变形方向一致时才会产生。这意味着在某个晶体方向上孪晶变形只能在拉、压的其中一个应力状态下才能产生。对于纯钛，$\{10\overline{1}2\}$ 和 $\{11\overline{2}1\}$ 孪晶在 c 轴方向为拉应力作用时产生，而 $\{11\overline{2}2\}$ 孪晶在 c 轴方向为压应力作用时产生。

在六方晶系金属板的塑性变形中，织构对塑性变形行为有着强烈影响。根据轧制条件的不同，纯钛轧制退火板形成的织构组织为晶胞 c 轴从板面垂直方向（ND）向垂直轧制方向（TD）范围内的某个角度聚集的类型。纯钛滑移变形时 c 轴方向产生变形比较困难，故纯钛板的织构组织以底面的极图表示的居多。纯钛的织构有中心极点型、α 轧制稳定方位型和边界型等。中心极点型是在 α 温度区间交叉轧制和环轧中形成；稳定方位型是在 α 温度区间单向轧制形成；边界型是在 β 温度区间加热，而在 α 温度区间开始轧制和结束的单向轧制中形成。现在的纯钛板几乎都是由板坯在 α 温度区间单向轧制成带的方式生产的，所以其织构都是第 2 种类型。

纯钛的强度通过 O、Fe 含量来控制，O、Fe 含量增加，强度增大，延展性降低，成型性变差。因此，变形剧烈的冲压成型都用低 O、Fe 含量的纯钛板。它们的强度比不锈钢低，延伸率接近普通钢。纯钛板与成型性密切相关的 r 值（塑性应变比）很大，而 n 值（加工硬化指数）较小，且 r 值和屈服强度的平面各向异性较大（T 方向的大于 L 方向的）。纯钛板的屈服强度在 L 方向不受织构组织的影响，为一定值，在 T 方向随着织构组织与 c 轴夹角的增大而增大。因为大部分的纯钛板都具有 α 轧制稳定方位型的织构组织，所以 T 方向的屈服强度大于 L 方向的屈服强度。

纯钛板晶胞 c 轴与板面法向的夹角越小，r 值就越大，且一般无论 c 轴的倾角多大，板面横向的 r 值都比纵向的大。织构组织越是偏向板面法线方向，变形就越向板宽方向集中，r 值就越大。较高的 r 值说明在板宽方向的变形抗力小，而在板厚方向的变形抗力大。纯钛板由于 c 轴聚集方位的大幅度变化，其 r 值与平面各向异性（$r_{(T)}/r_{(L)}$）可以有很大的变化范围。因此，冲压成型时要选择含有合适织构组织的材料。纯钛板具有很高的 r 值，平均为 $3 \sim 6$，这也是其作为冲压成型材料的最大特征。因此，纯钛板在深冲成型中要多引入这些成型要素。

随着 r 值的增大，纯钛板的深冲性和拉伸翻边性也提高，r 值越大，深冲性越好，就越容易产生翻边部分的缩宽变形（深冲抗力小）。实验表明，圆筒拉伸变形时，软质钛材的深冲性比不锈钢要好，特别是在润滑良好的情况下深冲性大幅度提高。因此，只有选择了合适的润滑剂才能充分发挥纯钛的本质优良特性。

2.7.2　实验项目：高冲压成型性能纯钛板带材组织性能分析

1. 实验目的

（1）研究间隙杂质元素对钛六方晶系塑性变形性能的影响。

（2）通过不同炉型、不同温度、不同保温时间，了解晶粒尺寸、组织均匀性与织构与材料冲压成型性能的关系。

2. 实验内容及原理

（1）研究纯钛板带材的热轧、冷轧、热处理加工工艺，阐明加工过程中组织演变与工艺的关系。

（2）通过不同温度退火研究，调控材料的晶粒尺寸、组织均匀性及织构各向异性，进而控制材料的冲压，使其板带材料的性能应满足以下要求：平均晶粒尺寸 $20 \sim 30 \ \mu m$，塑性应变比 $r \geqslant 2.5$，应变硬化指数 $n \geqslant 1$，与轧向成 0、45°、90° 方向的屈服强度差 $\leqslant 10\%$，制耳率 $\leqslant 10\%$，杯突值 $\geqslant 11$。

（3）研究钟罩炉、卧式真空炉等不同退火方式对板材表面 H 含量的影响，进而建立不同退火方式与深冲性之间的关系。

（4）从本质上解决冲压稳定性问题，形成一套稳定的生产工艺。

3. 实验材料和设备

（1）实验材料：海绵钛、钛卷、二氧化钛等。

（2）实验设备：四辊热轧机、钟罩炉、在线退火炉、卧式真空炉、剪板机、砂纸、深冲机、硬度计、拉力试验机、抛光机、金相显微镜等。

4. 实验方法和步骤

1）冷轧成品

铸锭→锻造→热轧→卷轧→酸洗→卷材检查和验收→切边→焊引带→冷轧（视情况带磨）→中间退火→轧制成品→退火（实验室进行退火实验）→拉矫→分条或切边→表面检查→成品剪切→成品。实验流程如图 2.19 所示。

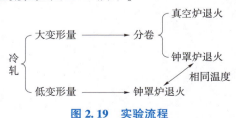

图 2.19　实验流程

2）铸锭选择

铸锭选用攀钢 OA 级海绵钛，控制 O、Fe、N 单一含量，使海绵钛硬度指标小于或等于 96，熔炼后上、下按标准取化学成分。检验单一 O 元素变化对性能的影响，填写表 2.14 内容。

表 2.14　单一 O 元素变化对性能的影响

O 含量	方向	抗拉强度/MPa	屈服强度/MPa	屈强比/%	伸长率/%	最大力值延伸率/%
$w(O) \geqslant 0.08\%$	RD					
	TD					
$0.06\% \leqslant$ $w(O) < 0.08\%$	RD					
	TD					
$w(O) < 0.06\%$	RD					
	TD					

3）锻造工序

（1）加热、锻造、刨铣及修磨，按照板坯半成品转料标准执行。

（2）板坯尺寸：（180~250）mm×（1 050~1 290）mm×（4 000~5 000）mm。锭重：5 000~7 000 kg。

4）热轧工序

（1）用 5500T 炉卷轧机轧制厚度 3 mm 卷带，经抛丸酸洗处理，使其表面质量满足冷轧要求。

（2）在卷带上取 300 mm×300 mm 实验板 12~16 块，用实验室两辊冷轧机摸索轧制、退火工艺。

5）冷轧工序

（1）0.6 mm 产品：3.0 mm→1.0 mm→0.6 mm（末道次加工率 40%）。

（2）0.5 mm 产品：3.0 mm→1.0 mm→0.5 mm（末道次加工率 50%）。

6）退火工序

（1）分别采用卧式真空炉、钟罩炉进行退火，退火前进行实验室退火温度实验，确保晶粒度等级为 6.5~7.5，并在表 2.15 中绘制不同退火温度和退火时间的金相组织照片。分别取不同退火温度、相同退火时间试样进行极限拉伸试验，并在表 2.16 中填写相应检测数据。

表 2.15　不同退火温度和退火时间金相组织照片

温度/℃	保温时间/h		
	1	2	3
570	○	○	○

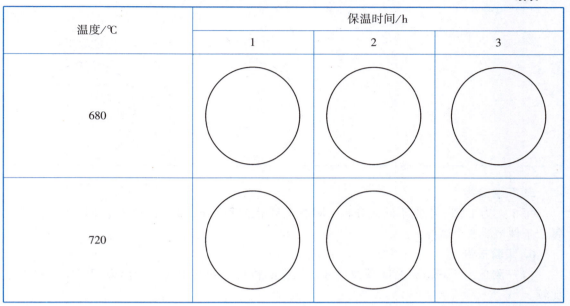

温度/℃	保温时间/h		
	1	2	3
680	○	○	○
720	○	○	○

表 2.16　极限拉深试验数据

序号	圆片半径/mm	圆片直径/mm	凸模直径/mm	拉深比	润滑油	压边力/kN	片数	实际设定压边力/kN
1								
2								
3								
4								

（2）钟罩炉、在线退火采用原工艺和退火厂家工艺曲线进行退火，卧式真空炉采用图 2.20 所示曲线进行退火，并在表 2.17 中绘制同一温度不同炉型的金相组织照片。

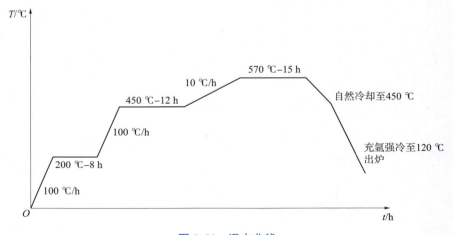

图 2.20　退火曲线

表 2.17 同一温度不同炉型金相组织照片

温度/℃	炉型	
	钟罩炉	卧式真空炉
680	◯	◯

5. 实验分组

每 3 人为 1 组。根据不同成分和不同退火温度条件进行实验，可得 3 个不同条件，要求每个条件检测 5 个试样。

6. 实验报告

（1）测量出不同退火温度晶粒尺寸，结合晶粒尺寸和相组成，画出金相组织，并进行比较。

（2）将测得的实验数据填入对应表格中，并进行比较。

7. 课后习题

（1）简述退火工艺影响材料组织和性能的原因。

（2）简述哪些工艺会影响材料冲压稳定性。

3.1　电阻应变片的粘贴与构件应力测定

3.1.1　概述

1. 电阻应变片的结构和工作原理

电阻应变片是用于测量应变的元件，即将机械构件或工程构件上的应变（尺寸变化）转换为电阻变化的变换器，又称电阻应变计。

电阻应变片是将具有 0.02~0.05 mm 直径的康铜线或镍铬钢丝缠绕在两个绝缘薄板（基体）上（或用极薄的金属箔蚀刻为栅格）而构成的，镀锡铜线和应变片丝网相连，用作应变片引线，将测量导线连接起来。

电阻应变片主要包含以下 4 部分。

（1）用电阻线制作的灵敏栅极。它是电阻应变片的灵敏部件。

（2）基片及保护层。灵敏栅极粘贴在基片上，基片是将传感器弹性元件表面的应变传递到电阻线上的中间介质，起绝缘作用；保护层对电阻线起保护作用。

（3）黏结剂。将电阻线和基片粘贴在一起。

（4）引出线。其功能是将测量导线连在一起。

根据基片材料及安装方法，粘贴式应变计分为纸衬型、胶衬型、金属衬底型和临时衬底型等。敏感栅片可分为只能测量单方向应变的单轴型和可以测量两个方向以上应变的多轴型（又称应变花）两种。

电阻应变片的工作原理：电阻线的电阻值除受材质的影响外，还受长度、截面面积等因素的影响。通过在元件上贴附电阻应变片，使元件受到外力作用，其表面出现微小的变形（拉伸或缩短），电阻应变片的灵敏栅极也会随之改变，从而导致电阻值的改变。其变化率与粘贴应变片处元件的应变 ε 成正比。通过测量这个电阻值的变化，就可以计算出该元件各部分的表面应变力和其对应的应力。

电阻应变片的灵敏度系数：在元件表面放置电阻应变片，在电阻应变片轴向施加单向应力时，灵敏栅极的电阻变化量与其沿电阻应变片轴向的应变比值，即电阻应变片的灵敏度系数。它的物理含义是单位应变的阻值变化量，反映了这类材料的电阻应变效应，是输出和输入信号之间的定量关系，也是电阻应变片的主要工作特征之一，则有

$$K = \frac{\Delta R/R}{\varepsilon} \tag{3.1}$$

式中，K——材料的灵敏度系数；

ε——测点处应变；

$\Delta R/R$——电阻的变化率。

将电阻应变片粘贴在元件上，当元件发生变形时，电阻应变片随之变形，其应变 ε 和电阻的变化率呈线性相关，从而为使用电阻应变片对元件进行应变检测提供了理论依据。

2. 电阻应变片的分类

（1）线圈型电阻应变片：用电阻丝缠绕的电阻应变片，现在常用的有半圆弯头平绕型电阻应变片。这类电阻应变片一般是纸底或纸封的，成本低，适用于实验室应用，但其存在着测量精度不高、横向内向效应大等问题。

（2）短接型电阻应变片：这类电阻应变片的制造相对简单，是在一列平直的电阻线中间，用较厚的金属线在预先确定的距离内相互连接，形成一种有纸基或胶基的电阻板。短接型电阻应变片具有易于保证几何尺寸率和接近于 0 的侧向影响系数等优点。

（3）箔型电阻应变片：将金属箔（康铜箔或镍铬箔）的一面涂胶，使其成为一种橡胶基底，再对其进行感光蚀刻成型，其几何结构及尺寸十分精确，并且电阻丝的局部为扁平、薄的长方形断面，因此能够很好地黏附，同时具有良好的散热性能和很小的侧向效应。与线圈型电阻应变片比较，它具有以下优势。

①随着光刻技术的发展，能保证尺寸准确、线条均匀，故灵敏度系数分散性小。尤其突出的是能制成栅长很小（如 0.2 mm）或敏感栅图案特殊的应变片。

②栅丝截面为矩形，故表面积大，散热性好。这样，在相同截面积下，允许通过的电流较线圈型电阻应变片大，使测量电路有输出较大信号的可能。另外，表面积大使附着力增加，有利于变形传递，因而增加了测量的准确性。

③灵敏栅极横向部的线宽度远大于纵向部的线宽度，从而每单位长度上的电阻也非常小，使箔型电阻应变片的侧向效应非常小。

④金属薄片全部由橡胶材料制成，具有良好的绝缘性，较低的蠕滑、机械迟滞及良好的防潮性能。

⑤便于成批生产，生产率高。

由于箔型电阻应变片有这些优势，故在常温的应变测量中逐渐取代线圈型电阻应变片。

（4）半导体电阻应变片：它的突出特点是灵敏度系数比一般电阻应变片要高 50 倍以上。它是利用半导体材料的压阻效应而制成的。由于灵敏度系数高，能使输出信号大大增强，而且机械滞后极小，所以在火箭、导弹及宇航等方面有很大的应用价值。

（5）应变花：可以测量多方向应变的应变片。两种常用的应变花即直角应变花和等角应变花，它们是在一个公用的纸底上重叠地粘贴 3 个彼此间相互绝缘的电阻丝。当无这种成品时可以用 3 个单独的电阻片代替，如果被测试的对象尺寸较大，则不必重叠而是按需要的角度粘贴在一个很小的范围内即可。

3. 电阻应变片粘贴的基本原则

从电阻应变片测量应变的基本原理中可以看出，首先要保证电阻应变片与被测元件共同产生变形，其次要保证电阻应变片本身电阻值的稳定，才能得到准确的应变测量结果，这是电阻应变片粘贴的基本原则。因此，电阻应变片本身质量和粘贴质量对测量结果影响很大。电阻应变片必须牢固地粘贴在被测元件的被测点上，因此对粘贴的技术要求十分严格。为保证粘贴质量和测量正确，要求如下：

（1）认真检查、分选电阻应变片，保证电阻应变片的质量；

（2）测试基底平整、清洁、干燥情况，使电阻应变片能够牢固地粘贴到被测元件上，不脱落、不翘曲、不含气泡；

（3）黏结剂的电绝缘性好、化学性质稳定，工艺性能良好，并且蠕变小，粘贴强度高，受温、湿度影响小，并使电阻应变片与试样绝缘，且不发生蠕变，保证电阻应变片电阻值的稳定；

（4）粘贴的方向和位置必须准确无误，因为被测元件上不同位置、不同方向的应变均是不同的，电阻应变片必须粘贴到要测试的应变测点上，也必须是要测试的应变方向；

（5）做好防潮工作，使电阻应变片在使用过程中不受潮，以保证电阻应变片电阻值的稳定。

3.1.2 实验项目：电阻应变片的粘贴与构件应力测定

微课视频 电阻应变片的
粘贴与构件应力测定

1. 实验目的

（1）掌握选择电阻应变片的原则及正确选用黏结剂的方法。

（2）熟悉电阻应变片粘贴的操作过程，掌握常温下电阻应变片的粘贴方法。

（3）熟悉静、动态电阻应变仪的基本结构及工作原理，通过实际操作学会正确使用。

2. 实验内容及原理

电阻应变片主要由灵敏栅极、基片及保护层、黏结剂和引出线四部分构成。当电阻应变片的灵敏栅极发生变形时，其应变和电阻变化率呈线性相关。利用这种线性关系，通过专门的测量电路来测量电阻应变片电阻值的变化，就可以计算出应变。根据材料力学知识，在已知材料弹性模量的情况下，可以进一步计算出该部件各部分的表面应力，从而实现通过测量电阻变化来获取元件表面应变力和应力的目的。

本实验通过粘贴电阻应变片并正确使用静、动态应变仪，掌握构件应力测定原理及方法。

3. 实验材料及设备

（1）实验材料：等截面悬臂梁、电阻应变片、502 胶水、丙酮、脱脂棉、玻璃纸、焊丝、导线、胶布、砂布等。

（2）实验设备：电烙铁、钢尺、划针、剪刀、镊子、电源接线板、万用表、红外灯、YJ-5 型静态电阻应变仪、Y6D-3A 型动态电阻应变仪、SC-16 型光线示波器、预调平衡箱等。

4. 实验方法和步骤

1）电阻应变片的粘贴

（1）选择合适的电阻应变片作为工作片和补偿片。

（2）测量电阻应变片的阻值，并逐一记录下来，然后在电阻应变片底座上标出对称线，以保证贴片位置准确。

（3）用 1#及 0#砂纸将被测元件贴片处表面打磨，用脱脂棉蘸上丙酮对打磨过的表面进行清洗，以去除油污和锈渍。

（4）不同种类的黏结剂，粘贴工艺有所不同。以 502 胶水为例：将胶水瓶口打一小细孔，然后一手捏住电阻应变片引出线，一手拿 502 胶水瓶，将瓶口向下在应变片基底底面上涂抹一层胶水，随即把电阻应变片底面向下平放到贴片位置上。

（5）电阻应变片粘贴好后，应进行干燥处理。对于 502 胶水，可在常温下自行固化。

（6）要将电阻应变片的引出线与测量导线进行焊接固定，焊点要小而牢固，焊后可用胶布粘牢。

（7）电阻应变片烘干、接好后，应及时在其表面涂覆一层保护层，以免受湿度和其他介质的影响。一般可涂石蜡、凡士林等。

2）静态电阻应变仪的使用

（1）熟悉 YJ-5 型静态电阻应变仪的结构原理，以及仪器面板上各开关、插座的作用。

（2）接线：连接电源箱、静态电阻应变仪及预调平衡箱（多点测量时才用），连接电桥。若按半桥接法，用仪器的短接片把 D1、D2 接线柱接短，工作片接在 A、B 接线柱上，补偿片接在 B、C 接线柱上；若按全桥接法，要先取下短接片，将工作片接于 AB 和 CD 间，补偿片接于 BC 和 AD 间。

（3）对位：将灵敏度系数调节旋钮对到所用电阻应变片的 K 值上，各读数（微调、中调、粗调）调节盘都对在零位。

（4）通电预调平衡：检查无误后，接通电源，先置电源转换开关于"BD"（短路）。预热 1 min 左右，即可将开关转至"阻"上。调节电阻平衡电位器，使指针指零。再转至"容"上，调节电容平衡电位器，也使指针为零。有时要反复调几次才能使二者指针均为零。最后将开关转至"阻"上，准备测量。

（5）测量：测量对象采用如图 3.1 所示的截面梁（事先已准备好的）。按需要逐级加载，电表指针偏转，之后调节各读数挡，使电表指针重新指零。各调节读数挡的代数和就是所测应变读数。

3）动态电阻应变仪的使用

（1）熟悉动态电阻应变仪的结构原理，以及仪器面板上各开关、插座的作用。

（2）接线：将电桥盒、电源箱、动态电阻应变仪及示波器接好线，并将电阻应变片接到电桥盒上。

（3）对位：电源箱面板上的电源开关、高压开关全指在"关闭"位置。电压转换开关指在"低压"位置。动态电阻应变仪上的开关应在如下位置：衰减开关指"0"，标测开关指"测"，标定开关指"0"，平衡粗细开关指"细"，输出开关指"平衡"。光线示波器的电源开关、振子开关等全关掉。

（4）通电预调平衡：打开电源开关、指示灯亮，预热 5 min，将电压转换开关拨向"高压"，再打开高压开关，此时各线指示灯亮，经 1~2 min 即可预调。预调平衡要逐线进行，将衰减开关转至"100"，调节电阻平衡和电容平衡，使两个电表指针均指零。之后将衰减开关依次转至"30""10""3""1"，再仔细反复调节电阻电容平衡装置，使两电表指针指零。

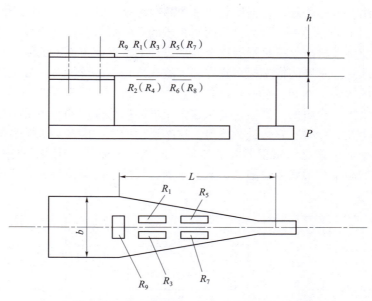

图 3.1　等强度梁装置及布片（应变片单号在上，双号在下）

（5）标定、测量。

①标定：根据被测信号的大小选定衰减挡，用标定开关给出相应应变进行标定拍摄。

②测量：加动载进行测量。

5. 实验分组

每人为 1 组，根据试样尺寸合理粘贴电阻应变片并进行构件应力测定。

6. 实验报告

（1）简述电阻应变片选择原则，贴片、接线等主要步骤。

（2）简述静、动态电阻应变仪的使用步骤。

（3）分析动态测量示波图，得出动态应力值。

7. 课后作业

什么是应变片灵敏系数？并简要分析应变测量中可能存在的误差。

3.2　Al 合金铸件的超声波检测与缺陷评定

3.2.1　概述

1. 超声波检测的原理

超声波检测是一种无损检测技术，它通过物质的传播、界面反射、产生波形转换的折射及衰减等物理特性来识别缺陷。当超声波从一个物体向另一物体入射时，由于波源本身所具有的声学特性及被测物内部组织结构对它的影响，就会使接收到的波发生变化，从而反映出缺陷信息。更具体地说，在均质的材料中，缺陷的存在会导致材料的不连续性，这种不连续性通常会引起声阻抗的不一致。根据反射定理，超声波在两种不同声阻抗介质的交界面上会发生反射，反射回来的能量大小与交界面两侧介质的声阻抗差异以及交界面的取向和大小有关。脉冲反射式超声波检测仪就是根据这个原理设计的。目前市面上的便携式脉冲反射式超声波检测仪主要通过显示屏的横坐标来确定超声波在试样中的传播时间或距离，而纵坐标则是超声波反射波的振幅。例如，在一个钢制工件中，存在一个特定的缺陷，导致缺陷与钢材料之间形成了一个不同介质的交界面，并且这个交界面两侧介质的声阻抗不相同。当发出的超声波接触到这个交界面时，它会进行反射。这些反射回来的能量会被探头捕获，并在显示屏的某一特定横坐标位置显示出反射波的波形。这个横坐标位置代表了缺陷在试样中的深度。这个反射波的高度和形状因缺陷的不同而不同，反映了缺陷的性质。超声波检测的原理如图 3.2 所示。

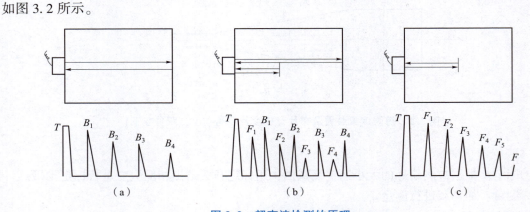

图 3.2 超声波检测的原理
(a) 无缺陷；(b) 小缺陷；(c) 大缺陷

2. 超声波检测的注意事项

1) 探头的选择

不同类型的工件需要选用不同的探头以达到要求。

(1) 频率：针对具体试样，适用的频率需在上述考虑当中取得一个最佳的平衡，既要保证所需尺寸缺陷的检出，并满足分辨率的要求，也要保证在整个检测范围内具有足够的灵敏度与信噪比。对于小型缺陷、接近表面的缺陷或厚度较小的试样，可以选择更高的频率；对于厚度较大的试样和高度衰减的材料，建议选择频率较低的类型。当灵敏度达到预定标准时，选用宽带探头有助于提升分辨能力和提高信噪比。

(2) 直径：在大多数场合下，当需要检测大厚度的试样时，使用大直径的探头更为合适；当需要检测较薄的试样时，使用小直径的探头更为合适。在选择探头时，应依据实际状况，确保其满足检测标准。

在纵波直入射法的应用中，单晶直探头是一个可行的选择，其参数，如频率和直径，都与待检测试样的材料有关。如果待检测试样是低碳钢或低合金钢，那么可以选择较高的频率，通常为 2~5 MHz，直径范围是 ϕ14~25 mm；如果待检测试样是奥氏体钢，为了防止出现"槽状回波"现象并提高信噪比，可以选择较低的频率和较大的直径，频率通常在 0.5~2 MHz 之间，直径范围是 ϕ14~30 mm。对于较小的试样或为了检测近表面的缺陷，考虑探头的盲区和近场区的影响，可以选择使用双晶直探头，通常的频率是 5 MHz。

Al 合金铸件超声波探伤时，探头频率的选择主要取决于铸件的厚度、结构特点及预期的缺陷类型。一般来说，频率在 1~20 MHz 之间。对于较薄的 Al 合金铸件，可以选择较高的频率，如 5~10 MHz，因为高频探头能够提供更精确的分辨率，有助于检测细小的缺陷。而对于较厚的 Al 合金铸件，可能需要选择稍低一些的频率，如 1~5 MHz，以确保超声波能够穿透更深的层次并返回有效的反射信号。此外，Al 合金的材质和晶粒结构也会对探头频率的选择产生影响。例如，对于晶粒较细的 Al 合金铸件，可能需要选择稍高一些的频率以获取更好的检测效果。

2）耦合剂的选择

选择耦合剂主要考虑以下几方面的要求：

（1）透声性能好，声阻抗尽量和待测试样的声阻抗相近；

（2）有足够的润湿性、适当的附着力和黏度；

（3）对试样无腐蚀，对人体无损害，对环境无污染；

（4）容易清除，不易变质，价格便宜，来源方便。

在使用接触法进行检测时，为了达到良好的声耦合效果，通常需要确保检测面的表面粗糙度 $Ra \leqslant 6.3$ μm，并且表面要平滑一致，不能有划痕、油渍、污渍、氧化层或油漆等杂质。在调整试块的检测灵敏度时，需要特别注意补偿由于试块与工件之间的曲率半径和表面粗糙度差异导致的耦合损失。在试样的检测过程中，通常会使用机油、浆糊、甘油等作为耦合剂，而在试样表面粗糙的情况下，也可以选择黏度更高的水玻璃作为耦合剂。在使用水浸法进行检测时，其对检测表面的标准明显低于接触法。

3）扫查方式的选择

试样探伤时，原则上应在检测面上从两个相互垂直的方向进行全面扫查，并尽可能地检测到试样的全体积。若试样厚度超过 400 mm，应从相对两端进行 100% 的扫查。扫查覆盖面应为探头直径的 15%，探头移动速度不大于 150 mm/s。扫查过程中要注意观察缺陷波的情况和底波的变化情况。

4）材质衰减系统的测定

当试样尺寸较大时，材质的衰减对缺陷定量有一定的影响。若材质衰减严重，影响更明显。因此，在试样检测中有时需要测定材质的衰减系数 α。

3.2.2　实验项目：Al 合金铸件的超声波检测与缺陷评定

微课视频 Al 合金铸件的超声波检测与缺陷评定

1. 实验目的

（1）通过进行超声波检测实验，了解超声波检测仪器设备的构成、主要性能和基本操作方法。

（2）掌握超声波检测时缺陷信号的辨别和缺陷定位与定量的基本方法。

（3）通过典型的超声波检测实验，加强对无损检测基本概念、所用仪器设备和典型缺陷的评定方法的理解；培养运用所学理论解决实际问题，分析和综合实验结果，以及撰写实验报告的能力。

2. 实验内容及原理

1）铸件的特点及常见缺陷

铸件是将金属或合金熔化后注入铸模中冷却凝固而成的，铸件具有如下特点。

（1）组织不均匀。液态金属注入铸模后，与模壁首先接触的液态金属因温度下降更快且模壁有大量固态微粒形成晶核，故很快凝固为较细晶粒。随着与模壁距离的增加，模壁影响逐渐减弱，晶体的主轴沿散热的平均方向生长，即沿与模壁相垂直的方向生长成彼此平行的柱状晶体。在铸件的中心，散热已无显著的方向性，冷却凝固缓慢，晶体自由地向各个方向生长，形成等轴晶区。显然，铸件的组织是不均匀的。

（2）组织不致密。液态金属的结晶是以树枝状生长方式进行的，树枝间的液态金属最后会凝固，但树枝间很难被液态金属全部填满，这就造成了铸件普遍存在的不致密性。另外，液态金属在冷却凝固中体积会产生收缩，如果得不到及时、足够的补充，也可形成疏松或缩孔。

（3）表面粗糙，形状复杂。铸件是一次浇注成型的，形状往往复杂且不规则，表面常常难以加工。

（4）缺陷的种类和形状复杂。铸件中主要的缺陷类型有孔洞类缺陷（包括缩孔、缩松、疏松、气孔等）、裂纹冷隔类缺陷（冷裂、热裂、白点、冷隔和热处理裂纹）、夹杂类缺陷以及成分类缺陷（如偏析）等。由于应力的原因，裂纹多出现于冷却速度快、几何形状复杂、截面尺寸变化大的铸件中，是具有危险性的缺陷。

2）铸件超声波检测特点

上述铸件的特点，给超声波检测带来了不利的影响，导致了铸件超声波检测的特殊性和局限性，具体表现在以下方面。

（1）超声波穿透性差。铸件中粗大的晶粒、不均匀的组织、粗糙的表面都会导致超声波散射增大，声能损失严重，与锻件相比，铸件的可探厚度减小。另外，粗糙的表面使耦合变差，也是造成铸件超声波检测灵敏度低的原因。

（2）杂波干扰严重。铸件中的组织不致密和不均匀，以及晶粒粗大，都会使超声波产生严重的散射，被探头接收后，在荧光屏上将显示为较强的草状杂波信号；粗糙的铸造表面对超声波的散射也会形成杂波信号。

（3）缺陷检测要求较低。铸件中一般允许存在的缺陷尺寸较大，数量可较多，特别是工艺性的检测，有的只要求检出危险性的缺陷，以便修补处理。

3. 实验材料和设备

（1）实验材料：ZL101 铸件（规格为 100 mm×100 mm×20 mm）、耦合剂、定制 Al 合金试块。

（2）实验设备：超声波探伤仪、金相制样设备、金相显微镜。

4. 实验方法和步骤

（1）了解超声波探伤仪的构成、主要性能和基本操作方法；掌握超声波检测时缺陷信号的辨别和缺陷定位和定量的基本方法。

（2）在定制 Al 合金试块上，通过人工缺陷，测定不同距离处的反射波幅，绘制出距离-波幅曲线。根据曲线形状和特征，调整超声波探伤仪灵敏度，使超声波探伤仪能够在不同距离和深度下准确识别缺陷。

（3）对 Al 合金铸件进行超声波探伤，检测 ZL101 铸件中夹杂的分布状态及严重程度。

（4）检测完成后，解剖上一步中所检测的铸件，进行金相观察，验证超声波检测的结果。

5. 实验分组

每 3 人为 1 组，完成距离-波幅曲线的绘制、铸件超声波的探伤操作、探伤后进行切割及金相观察。

6. 实验报告

给出超声波检测报告。

7. 课后作业

（1）对铸件进行超声波探伤时，其缺陷定性的依据有哪些？

（2）仪器测距标度已校准为每格相当于钢（超声波在钢中的传播速度为 3 230 m/s）的横波声程 20 mm，现用 K1 斜探头探测厚度为 40 mm，横波声速为 4 100 m/s 的板材，发现一缺陷回波显示于标度 6 格上，求此缺陷的声程、水平距离和垂直距离。

3.3 单向拉伸法测定金属材料的应力-应变曲线与性能表征值

3.3.1 概述

1. 拉伸试验

在金属材料被拉伸的过程中，受到拉伸力的影响，其变形过程可以分为弹性变形、不均匀屈服塑性变形、均匀塑性变形、不均匀集中塑性变形及断裂等阶段。低碳钢拉伸应力-应变曲线如图 3.3 所示。

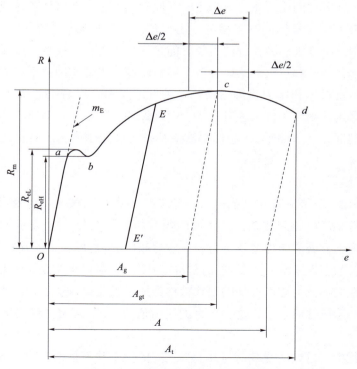

图 3.3 低碳钢拉伸应力-应变曲线

图 3.3 中各符号说明：A 为断后伸长率；A_g 为最大力塑性延伸率；A_{gt} 为最大力总延伸率；A_t 为断裂总延伸率；e 为延伸率；m_E 为弹性部分的斜率；R 为应力；R_m 为抗拉强度；Δe 为平台范围；R_{eH} 为上屈服强度；R_{eL} 为下屈服强度。

无论是正火、退火的碳素结构钢还是普通的低合金结构钢，它们都展现出相似的拉伸力与伸长关系，只是力的大小和变形量不同而已。然而，并不是所有金属或相同的材料在各种环境下都展现出相同的拉伸力-伸长曲线。例如，在常温条件下，普通灰铸铁或经过淬火的高碳钢的拉伸仅有弹性变形的阶段；冷拔钢仅有弹性变形和不均匀的集中塑性变形两个阶段；在低温和高应变速度的条件下，面心立方金属在拉伸过程中仅表现出弹性变形和不均匀屈服塑性变形这两个阶段。通过将拉伸力-伸长曲线的纵向和横向坐标分别用拉伸试样的原始截面积 S_o 和原始标距 L_o 去除，就可以得到图 3.3 展示的应力-应变曲线。由于都是通过一个对应的常数进行相除，因此曲线的形态是相似的。这种特定的曲线被称作工程应力-应变曲线（简称应力-应变曲线或 R-ε 曲线）。

如果用真实应力（试样真实瞬间截面积除相应载荷）和真实应变（瞬时应变的总和）绘制曲线，则得到真实应力-应变曲线。

1）弹性变形阶段

载荷与变形之间存在正比关系，在图 3.3 中呈现为 Oa 直线段，这与胡克定律是一致的。在卸载之后，试样可以恢复到之前的状态。R_{eH} 表示上屈服强度，这意味着在 $R<R_{eH}$ 的情况下，试样进入弹性变形的状态。

在工程实践中，弹性模量被视为材料的刚度，它代表了金属材料对弹性变形的抵抗能力，其数值越高，在同样的应力条件下产生的弹性变形就越小。机器零件或构件的刚度与材料刚度不同，前者不仅与材料的刚度相关，还与其截面的形态、大小和受到的载荷方式有关。在金属材料中，刚度被视为关键的力学性能之一，因此在选择材料或设计部件时，经常需要考虑它。比如，桥式起重机的梁应具备足够的刚度，以防止因挠度过大而在吊起重物时产生振动；对于精密机床和压力机等设备，主轴、床身和工作台都需要满足一定的刚度要求，并且需要根据这些刚度条件来进行设计，以确保加工的精度；对于内燃机、离心机及压气机等设备的关键部件（如曲轴），它们都需要具备足够的刚度，以防止在运行过程中产生过度的振动。

2）塑性变形阶段

在图 3.3 所示的 ab 和 bc 段中，当进入 ab 段时，材料暂时失去了对变形的抵抗力，这导致载荷在一个非常小的区域内波动，但变形的幅度却急剧上升。R_{eL} 表示下屈服强度，这意味着金属开始展现出显著的塑性变形抗力。在应力超出 R_{eL} 之后，也就是在 bc 的阶段，试样会出现明显且均匀的塑性变形。为了增加试样的应变，必须相应地提高应力值。这种随着塑性变形增加，塑性变形抗力逐渐增加的现象被称为加工硬化或应变强化。当应力达到 R_m 时，试样在均匀变形的阶段便停止了，这一最大的应力值 R_m 被定义为材料的抗拉强度（或强度极限）。

在强化的过程中，试样所受载荷与其变形之间的关系并不是线性的。在这个阶段的任意点 E 进行卸载，而卸载后的轨迹线将按照图 3.3 所示的 EE' 斜直线返回到 E' 点。如果在短时间内再次施加负荷，应力变形的曲线将大致沿着 EE' 斜直线返回到 E 点，然后再按照 Ec 曲线进行变化。另外，$EE'//Oa$，两条线的斜率是相同的。

在进行拉伸试验时，金属材料出现的屈服行为标志着其开始出现宏观的塑性变形。屈服现象描述的是在实验中，当外部力量保持不变时，试样还能继续伸展，或者当外部力量达到某一特定值时突然减少，然后，在外部力量保持不变或出现上下波动的前提下，试样继续伸展并发生变形的情况。金属材料在拉伸过程中展现出屈服特性，并出现塑性变形而不增加力量的应力点，被称作屈服强度。当整个试样的长度被屈服线所覆盖时，屈服伸长达到终点，此时试样进入了均匀的塑性变形过程。屈服现象是一种普遍存在的物理变化形式，在各种工程领域都会遇到。在进行拉伸试验时，很多有着连续屈服特性的金属材料并未显示出屈服的迹象。对于这种类型的材料，其屈服强度通过规定的微量塑性延伸应力来显示。当人为设定拉伸试样的引伸计标距部分产生特定的微量塑性延伸率（如 0.2%）时，所产生的应力被称为规定微量塑性延伸应力。屈服强度被视为金属材料的关键力学性能，它为工程选择韧性材料提供了依据，但在实际的生产流程中，部件不可能在与抗拉强度相匹配的均匀塑性变形条件下服役。

在拉伸试验中，韧性金属材料的变形主要集中在特定的局部区域，这种独特的现象被称为颈缩，它是由应变硬化和截面缩小两方面的共同作用所导致的。材料从均匀的塑性变形转变为不均匀的集中塑性变形阶段，这一过程被称为颈缩的开始。一旦出现颈缩，拉伸试样原先承受的单向应力状态会被打破，而在颈缩区则会出现三向应力状态，这是因为颈缩区中心部分的拉伸变形受到径向收缩的约束。当材料处于三向应力状态时，其塑性变形变得相当困难。为了保持塑性变形，需要增加轴向应力，这意味着在颈缩位置的轴向真实应力会高于单向受力时的真实应力，并且随着颈部的进一步细化，真实应力还会持续上升。为了抵消颈部径向应力和切向应力对轴向应力的不良影响，并确定在均匀轴向应力条件下的实际应力，从而获得真实的应力–应变曲线，对颈部应力的修正是必要的。因此，可以采用修正公式来对曲线进行合理的调整：

$$R = R'/(1 + d_u/8r) \tag{3.2}$$

式中，d_u——细颈处最小直径；

r——细颈部分外形曲率半径。

3）断裂阶段

R_m 以后，试样开始发生不均匀塑性变形并形成颈缩，即由分散性失稳转化为集中性失稳，使试样继续变形所需的载荷也相应减小，故应力下降。最后，当 d 点达到 R_k 时试样断裂。

将拉断的试样紧密吻合后测得标距为 L_u，则延伸率按下式计算：

$$e = \frac{L_u - L_o}{L_o} \times 100\% \tag{3.3}$$

式中，e——延伸率；

L_u——断裂后的标距；

L_o——初始设定的标距。

2. 真实应力–应变曲线的绘制

在常温下，用单向拉伸法绘制真实应力–应变（R-$\in$）曲线，纵坐标为真实应力 R，横坐标为对数应变，则有

$$R = \frac{F}{S} \tag{3.4}$$

$$S = \frac{S_o L_o}{L} = \frac{S_o L_o}{L_o + \Delta L} \tag{3.5}$$

$$\in = \ln \frac{L}{L_o} = \ln \frac{L_o + \Delta L}{L_o} \tag{3.6}$$

式中，S——试样瞬时横截面积（在均匀变形阶段可由体积不变条件求出）；

F——拉伸时瞬时载荷（从显示器上读出）；

S_o、L_o——试样原始横截面积、长度；

$\in$——对数应变；

ΔL——试样伸长量。

从真实应力–应变曲线可以确定任意变形程度下的真实应力。

3.3.2 实验项目：单向拉伸法测定金属材料的应力–应变曲线与性能表征值

1. 实验目的

（1）了解万能材料试验机的工作原理，掌握其操作规程。

（2）掌握金属棒材的下屈服（流动）强度 R_{eL}、抗拉强度 R_m、延伸率 e 和截面收缩率 Z 的测定方法。

微课视频 单向拉伸法测定
金属材料的应力–应变
曲线与性能表征值

（3）能根据测定的材料的工程应力–应变曲线建立其真实应力–应变曲线。

（4）熟悉试样在拉伸过程中的各种现象（弹性、屈服、强化、颈缩等）。

2. 实验内容及原理

金属材料被拉伸变形的过程可以分为弹性变形、不均匀屈服塑性变形、均匀塑性变形、不均匀集中塑性变形以及断裂这几个不同的阶段。利用单向拉伸，可以测定材料的变形抗力指标和塑性指标。从真实应力–应变曲线可以确定任意变形程度下的真实应力。

本实验在常温下，用单向拉伸法制作真实应力–应变曲线，并掌握下屈服（流动）强度 R_{eL}、抗拉强度 R_m、延伸率 e 和截面收缩率 Z 的测定方法。

3. 实验材料和设备

（1）实验材料：Q235 钢拉伸试样和铝拉伸试样。

（2）实验设备：万能材料试验机、游标卡尺、钢尺等。

4. 实验方法和步骤

（1）准备好钢试样、铝试样和工具，测量试样的正确尺寸（取 $L_o = 100$ mm）。

（2）将钢试样、铝试样分别装在万能材料试验机上进行拉伸。

①求得屈服极限

$$R_{eL} = \frac{F_{eL}}{S_o} \tag{3.7}$$

式中，F_{eL}——材料开始屈服时的外载荷，由显示器上读出。

②每隔 2 mm（伸长量）相应读出变形力 F，直到颈缩开始，并读出颈缩时的变形力 F_m。

③拉至断裂，读出断裂时的外载荷 F_b。

④测量断裂处的直径和外形曲率半径 r。

（3）将上述数据和计算结果填入实验报告中。

（4）按计算结果绘制 R–ϵ 曲线。

（5）按式（3.2）将曲线进行修正。

（6）根据拉伸试验数据和表格内变量，计算钢试样、铝试样的弹性模量。试验数据记录在表 3.1 中。

表 3.1 拉伸试验数据记录

\multicolumn{2}{c}{R/MPa}		$\Delta R_i = R_{iH} - R_i$		$e/10^6$		$\Delta e_i = e_{iH} - e_i$		$E_i = \Delta R_i / \Delta e_i$	
钢试样	铝试样	钢试样	铝试样	钢试样	铝试样	钢试样	铝试样	钢试样	铝试样
平均值									

5. 实验分组

每 5 人为 1 组，进行拉伸试验并总结。

6. 实验报告

根据实验测定的数据，计算材料的强度指标和塑性指标。

（1）强度指标：上屈服强度、下屈服强度、抗拉强度。

（2）塑性指标：断后伸长率。

7. 课后作业

（1）绘制未经过修正的真实应力–应变曲线（用坐标纸绘图）。

（2）绘制经过修正的真实应力–应变曲线（用坐标纸绘图）。

（3）在图上标注屈服点、抗拉强度、屈强比等数据。

3.4 热电偶的制作、校验及使用

3.4.1 概述

1. 热电偶测温原理

热电偶是工业上最常用的一种测温元件，其测温原理基于热电效应。将两种不同材料的导体 A 和 B 组成一个闭合回路，当两接合点温度 T 和 T_0 不同时，在该回路中就会产生电势，这种现象称为热电效应，相应的电势称为热电势。这两种不同材料的导体的组合就称为热电偶，导体 A、B 称为热电极。两个接点中，一个称为测量端，又称为热端或工作端，测温时将其置于校测介质（温度场）中；另一个称为参考端，又称为冷端或自由端，它通过导线与显示仪表或测量电路相连。热电势只与热电偶两种导体材料的性质和两端的温度有关，与长度、截面大小无关。当热电偶材料一定时，热电势只与热电偶两端温度 T 和 T_0 有关。如果参考端的温度 t_0 保持不变，则两端之间热电势的大小就可以用来表示测量端温度的高低。将焊接的未标定或待检测热电偶与标准热电偶置于同一温度场，通过检测显示仪表测出两热电偶在不同温度时的温度值（或 mV 值），并进行比较，可对未标定或待检测热电偶进行标定或检验。热电偶测温原理如图 3.4 所示。

2. 热电偶的制作

制作热电偶时，应根据测温范围和工作条件选择热电极材料和直径。热电偶长度应根据工作端在介质中的插入深度来决定，通常为 350~2 000 mm。

热电偶测量端的焊接方法有很多，如电弧焊、水银焊、盐水焊、锡焊等。但无论采用何种方法，焊接前均需仔细去掉热电极靠近待焊端部的绝缘层，然后将这两根被焊的热电极绞缠成如图 3.5 所示的麻花状（续编圈数不宜超过 3 圈）或使两顶端并齐。为减小传热误差和滞后，焊接点宜小，其直径不应超过热电极直径的两倍。

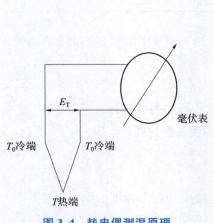

图 3.4 热电偶测温原理

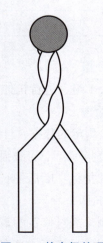

图 3.5 热电极处理

电弧焊是利用高温电弧将热电偶测量端熔化成球状。常用的方法有交流电弧焊和直流电弧焊两种。交流电弧焊的装置如图 3.6 所示。这种装置一般用来焊接金属热电偶。

自从发现热电效应以来，人们就利用这一效应制成了测温用的热电偶高温计。两种不同的但符合一定要求的金属或合金将其一端焊接起来就构成了一只热电偶。

热电偶的制作方法：调节电压调节旋钮，输出 20～30 V 交流电源作为焊接电源。然后用金属夹子（铜板电极）夹住待焊端作为一个电极，用碳棒（石墨电极）作为另一个电极。当碳棒与被焊热电极的顶端接近时，产生的瞬间电弧将两根热电极顶部熔接在一起而形成一个小圆球，制作即完成。制作合格热电偶的标准：焊接牢固，具有金属光泽，焊接点直径约为热电极直径的 2 倍，热电极不允许有折损、扭曲现象。焊后应检查结点是否符合球状、光洁对称，否则应重焊。

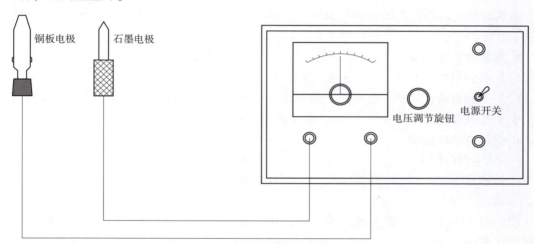

图 3.6　交流电弧焊的装置

3. 热电偶的校验

热电偶使用一段时间后，其热电特性会发生变化，尤其在高温下测量腐蚀性气氛、冶金熔体温度的过程中，这种变化就更为明显，以致热电偶指示失真，用此种热电偶测量得出的各种物理化学数据就缺乏必要的准确性与可靠性。热电偶不仅在使用前要进行校验，而且在使用一段时间后也要进行校验，以确保精度。

热电偶的校验，就是将热电偶置于若干给定温度下测定其热电势，并确定热电势与温度的对应关系。校验方法有比较法、纯金属定点法、熔丝法与黑体空腔法等。在有标准热电偶的情况下，比较法尤为方便。当无标准热电偶时，多采用熔丝法与纯金属定点法。对于高温热电偶常用熔丝法与黑体空腔法进行校验。

3.4.2　实验项目：热电偶的制作、校验及使用

微课视频 热电偶的制作、校验及使用

1. 实验目的
（1）了解热电偶的测温原理，掌握热电偶的制作方法。
（2）掌握热电偶的校验方法及误差分析。

（3）掌握测温仪表的工作原理和使用方法。

（4）掌握手动直流电位差计的工作原理和使用方法。

（5）学会使用热电偶的分度表。

2. 实验内容及原理

自从发现热电效应以来，人们就利用这一效应制成了测温用的热电偶高温计。两种不同的但符合一定要求的金属或合金将其一端焊接起来就构成了一只热电偶。在测温时将热电偶焊接点（通常称为工作端或热端）插入测温场所，另一端（通常称为自由端或冷端）通过导线与指示仪表相连接，当两端温度不一样时，便产生了热电势。该热电势的大小可由指示仪表读出，根据热电势与温度的关系，就可以用测得的热电势求出与之对应的温度值。

本实验通过热电偶的焊接制作及校验，介绍热电偶的测温原理及热电偶分度表的使用方法。

3. 实验材料和设备

（1）实验材料：Ni-Cr、Ni-Si 金属丝。

（2）实验设备：钳子、螺丝刀、温度计、标准热电偶、坩埚加热炉、手动直流电位差计、电子万用表、变压器（焊接用）、温控仪表（K）、显微镜。

4. 实验方法和步骤

1）热电偶的制作

（1）选取 Ni-Cr 和 Ni-Si 金属丝作为制作热电偶的材料，准备 1 个自耦变压器、饱和 NaCl 水溶液及导线。

（2）将 Ni-Cr 和 Ni-Si 金属丝的一端拧在一起呈螺纹状，螺纹圈数为 3~4 圈，热电偶长度可在 500~1 000 mm，自耦变压器输出端电压调至 120~150 V，并按图 3.7 所示连接好。

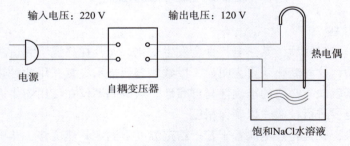

图 3.7 热电偶焊接原理示意图

（3）手持带绝缘护套的金属钳，垂直夹住热电偶，插入饱和的 NaCl 水溶液。利用变压器采用电弧焊的方式焊接。焊接金属丝的连接点，使其测量端（热端）形成圆形小球。焊点的质量好坏会影响测量的精度，利用显微镜观察焊点的形状和质量。

（4）把焊好的金属丝套上石英管（两层），石英管起到固定金属丝和绝缘作用，利用接线瓷座把热电偶冷端固定，并与导线连在一起。

（5）要标注电热偶的正负极，用红色导线与热电偶正极相连。

2）热电偶的校验、测试

热电偶的校验常用的方法为双极法，装置如图 3.8 所示。

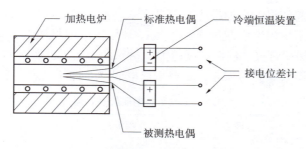

图 3.8 双极法校验热电偶示意图

此方法简单、方便，故应用很普遍。将被测热电偶的工作端与标准热电偶的工作端用金属丝捆扎在一起，插到检定炉的均匀温场中，使冷端保持在 0 ℃，然后在各检定点比较标准热电偶和热电被测热电偶的热电势。

具体检验操作如下。

（1）首先要学会测温仪表、手动直流电位差计和电子万用表的使用。

（2）接通坩埚电阻炉电源，把温度控制到 400~600 ℃。

（3）把标准热电偶和被测热电偶同时插入炉中的同一部位。

（4）把手动直流电位差计开关拨至"标准"一侧，调节可调电阻（先粗调后细调），使检流计指针为零。

（5）分别把标准热电偶和被测热电偶接入手动直流电位差计，把开关拨至"测量"一侧，调节测量电阻（先高后低），使检流计指针为零，读出并记下热电势数值。同时，用温度计测出热电偶冷端温度（即室温），记下数值。利用上述方法，每组选 3 个测温点进行测量。

（6）由于热电偶冷端不是 0 ℃，所以要进行冷端温度补偿：

$$E(T, T_0) = E(T, T_0') + E(T_0', T_0)$$

其中，$E(T, T_0)$ 为真实电动势；$E(T, T_0')$ 为被测热电偶的电动势；$E(T_0', T_0)$ 为冷端温度补偿电动势（即室温电动势）；T 为被测真实温度；T_0' 为冷端温度（室温）；T_0 为 0 ℃。利用 NiCr-NiSi（Al）热电偶分度表，计算温度值。

测量数值填入表 3.2 中。

表 3.2 热电偶实验数据

测温点/℃	温度/℃	标准热电偶		被测热电偶			冷端温度（室温）T_0'/℃	被测真实温度 T/℃
		电动势/mV	温度/℃	电动势/mV	温度/℃	误差/℃		
1	400							
2	500							
3	600							

3）引起误差的一些因素

（1）热交换误差：热电偶与被测物之间热交换不好所致，引起热电偶工作端达不到或超过被测物温度，此误差大小与热电偶的安装情况和防辐射情况有关。

（2）冷端温度引起的误差：如果冷端不是完全补偿则要引起测温时的误差。

（3）热电偶材质不均匀性引起的误差：该误差与热电偶材质的不均匀以及测温时沿热电偶长度方向的温度梯度有关。温度梯度越大，材质的不均匀性影响就越大。

（4）分度误差：即校验时的误差，工业用热电偶不允许超过表 3.3 中的规定值。

表 3.3　工业用热电偶的规定值

热电偶名称	分度表	工作端温度/℃	对分度表允许的偏差/℃
铂铑-铂	S	≤600	±3
		>600	±0.5%T
镍铬-镍硅	K	≤400	±4
		>400	±1%T

（5）测温仪器的基本误差：由电位计、毫伏表的精度级别决定。

（6）动态误差：被测物质温度变化而测温仪器跟不上温度变化，而引起的误差。

4）热电偶控温线路的布置及应用

（1）控温线路连接示意图如图 3.9 所示。

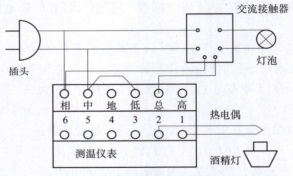

图 3.9　控温线路连接示意图

（2）把灯泡视为电阻炉，酒精灯视为加热炉温，调节温控仪表的控温旋钮，观察灯泡的变化，从而了解温控设备的测温和控温原理。

（3）摘掉热电偶与温控仪表的任意一根导线，观察仪表指针的变化，以了解温控仪表的断偶保护原理。

5. 实验分组

每 2 人为 1 组，进行热电偶焊接和测试，并总结数据。

6. 实验报告

（1）简述热电偶的测温标准和热电偶的制作方法。

（2）画出手动直流电位差计的工作原理图，并叙述整个调节过程。

（3）画出热电偶控温仪表的工作原理图，并说明工作原理和断偶保护原理。

7. 课后作业

通过对自制热电偶所测得的温度数据进行查表、分析，并与标准热电偶进行比较，说明产生误差的原因。

第 4 章　金属液态成型及造型材料实验

4.1　冷却速度对硅黄铜合金铸造组织和性能的影响

4.1.1　概述

1. 金属的凝固

金属凝固的过程是由液态向固态的相变过程，如图 4.1 所示。除某些液态金属合金在激冷条件下"冻结"成具有无定形结构的非晶态金属外，金属的凝固在多数情况下，是晶体或晶粒的生成和长大的过程。金属凝固过程还伴随着体积变化、气体脱溶和元素偏析等现象。绝大部分金属材料是在液态中纯化（除气、去杂质等），调整成分，而后浇注成锭，再加工成材，或直接铸造成部件。因此，金属的凝固不但决定了纯金属和合金的结构、组织和性能，而且影响后续的塑性加工和热处理。

金属的凝固所涉及的范围比较广泛，包括从宏观上研究铸件（如铸件的宏观结构、铸造缺陷及宏观偏析等）；同时研究其显微结构，包括晶粒大小、取向和形状，晶内树枝状结构，以及非金属夹杂物、显微疏松和其他亚微观缺陷；也从原子尺度研究合金元素的微观偏析，微观晶体缺陷（如位错、空位等）的形成，晶粒形核与长大的原子堆垛过程等。金属凝固的理论基础是合金热力学、合金相图、传热、传质、相变和金属中的扩散现象等。

2. 形核

在液态金属中存在的原子小集团随着温度的下降，体积不断增大，可以称之为晶胚。在一定温度下，这些原子小集团的最大尺寸有一个极限值 r_{max}，r_{max} 的大小与温度有关，温度越高，则 r_{max} 越小，温度越低，则 r_{max} 越大。当晶胚的 r_{max} 达到一定的限度后，就可以稳定地存在，称它为晶核，这个过程称为形核过程，如图 4.2 所示。

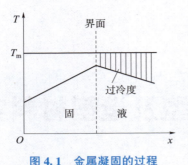

图 4.1　金属凝固的过程

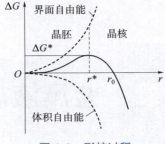

图 4.2　形核过程

3. 长大

随着时间的延长和温度的下降，液态金属中的原子不断积聚到晶核表面，晶核不断长大直至其界面互相接触，与此同时新的晶核继续形成。当液态金属冷却完毕，结晶过程结束，如图 4.3 所示。

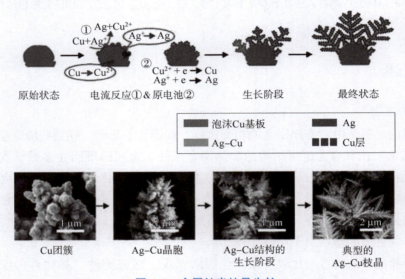

图 4.3　金属纳米枝晶生长

从上述的分析可见，金属的结晶过程是一个形核、长大的过程。在这个过程中，过冷度是一个重要的控制因素，对晶核的形成、晶体的长大都有着重要的作用。

4.1.2　实验项目：冷却速度对硅黄铜合金铸造组织和性能的影响

1. 实验目的

（1）了解金属型铸造、干砂型铸造、湿砂型铸造的工艺及特点。

（2）比较金属型铸造、干砂型铸造、湿砂型铸造的组织和性能差异。

（3）了解硅黄铜合金金相试样的制备、硬度测试的基本方法。

（4）熟悉硅黄铜合金的显微组织及析出特点。

微课视频 冷却速度
对硅黄铜合金铸造
组织和性能的影响

2. 实验内容及原理

黄铜是人类社会生活和生产中应用较为广泛的金属材料之一，主要是因为其具有良好的机械性能、耐蚀性能、导电和导热性能以及优良的加工性能，在各学科领域，具有较好的市场应用前景。

黄铜是指由 Cu 和 Zn 两种元素按照一定比例组成的合金。黄铜根据其组成的化学成分不同分为普通黄铜和特殊黄铜。Si 可以大大改善低温下的铜合金热加工性能。Si 的锌当量系数为 10，当合金的锌当量大于 48% 时，合金组织会出现具有密排六方晶格的 γ 相，具有较高的高温塑性，在 545 ℃ 经过共析转变分解为 α+β 相。在 β+γ 两相黄铜中，加入适量的 Si 等元素作为变质剂，能够改变 γ 相的形态分布，使 γ 相变得细小且均匀分布，从而起到类似于铅黄铜中铅质点的断屑作用。加入适量的 Si，还能够改善黄铜的耐蚀性能。

本实验在不同冷却速度条件下对硅黄铜合金熔体进行凝固行为对比，对不同冷却速度下的合金凝固试样进行金相组织观察、硬度测试、尺寸精度测试等，研究不同冷却速度对硅黄铜合金凝固的影响。

3. 实验材料和设备

（1）实验材料：电解铜、金属锌、纯硅、型砂、砂箱、铸造模样、砂纸等。

（2）实验设备：硅碳棒电炉、硬度计、金属型、干砂型、湿砂型、抛光机、金相显微镜等。

4. 实验方法和步骤

1）造型和熔炼

（1）用配置好的型砂和铸造模样造型，并对部分砂型和金属型进行烘干处理。

（2）将事先准备好的材料放入坩埚电阻炉中进行熔炼，熔炼温度为 1 150 ℃。

（3）待硅黄铜合金熔体熔炼完成后，将合金熔体进行精炼除气并倾倒到金属型、湿砂型和干砂型中进行凝固，浇注温度为 1 050 ℃。

（4）待硅黄铜合金凝固后，取出试样，并进行编号。

2）金相试样的制备

（1）粗磨：利用砂轮机将试样的底部磨平。

（2）精磨：选用 120#、240#、320#、400#、500#、600#、800#、1 000# 砂纸分别对试样进行磨制。

（3）抛光：利用抛光机对精磨后的试样表面进行抛光。

（4）浸蚀：用已配置好的腐蚀液（2.5 g $FeCl_3$+36%~38% 浓盐酸+50 mL H_2O）浸蚀 5~8 s。

3）金相组织观察

将已制备的 HSi59-2.5 硅黄铜合金金相试样放在金相显微镜下进行组织观察，对比金属型试样、干砂型试样和湿砂型试样组织中的 β 相及 γ 相的形态、尺寸和分布；将在金相显微镜下所观察到的硅黄铜合金金相组织绘到表 4.1 中。

表 4.1   HSi59-2.5 硅黄铜合金金相组织

冷却方式	金相组织
金属型冷却	(○)
干砂型冷却	(○)
湿砂型冷却	(○)

4）硬度测试

对比不同冷却速度条件下 HSi59-2.5 硅黄铜合金的洛氏硬度，将结果填入表 4.2 中。

表 4.2   HSi59-2.5 硅黄铜合金的洛氏硬度

合金		HSi59-2.5 硅黄铜											
冷却方式		金属型冷却				干砂型冷却				湿砂型冷却			
		1	2	3	平均	1	2	3	平均	1	2	3	平均
硬度	基体硬度												
	洛氏硬度												

5）铸件尺寸精度的比较

分别取金属型试样、干砂型试样和湿砂型试样，用游标卡尺测量其底部直径尺寸，再分别测其模具的相同部位尺寸，按照式（4.1）求出其尺寸的变化率，并进行比较。

完成全部实验后，将结果记录在表 4.3 中。

$$\Delta L = \frac{\phi - \phi_0}{\phi} \times 100\%$$
(4.1)

式中，ΔL——铸件尺寸变化率；

ϕ_0——模具的底部直径；

ϕ——铸件的底部直径。

表 4.3　实验记录单

合金	HSi59-2.5 硅黄铜		
冷却条件	金属型	干砂型	湿砂型
洛氏硬度（平均值）			
基体硬度（平均值）			
尺寸变化率（ΔL）			

5. 实验分组

每 3 人为 1 组。根据成分和冷却条件不同，可得 3 个不同条件下的铸件，要求每个条件浇注 5 个试样。

6. 实验报告

（1）画出金属型试样、干砂型试样和湿砂型试样的金相组织，并进行比较。

（2）将测得的硬度数据填入对应表格中，并进行比较。

（3）对比不同冷却速度条件下硅黄铜合金的组织和性能，分析冷却速度对硅黄铜合金组织和性能的影响。

7. 思考题

（1）简述过冷度对合金熔体形核过程的影响。

（2）通过实验数据对比分析冷却速度对合金凝固组织的影响。

4.2　Al 合金的铸造性能测试与分析

4.2.1　概述

合金的铸造性能是指合金在铸造生产过程中表现出的工艺性能，它是一个综合性的概念，通常指合金在铸造生产工艺过程中所表现的流动性、收缩、热裂倾向等特性。不同的铸造合金，由于其物理化学性能及结晶过程特点的不同，其铸造性能也各不相同。在铸造生产中，必须认真地掌握合金的铸造性能，并针对其特点制订合理的熔炼与铸造规范，才能有效地防止铸造缺陷，从而获得优质铸件。

下面介绍合金铸造性能的常用测试方法。

1. 流动性

合金的流动性是指液体合金本身的流动能力，与合金的成分、温度、杂质含量及其物理性能有关。

纯金属和共晶成分合金在固定的温度下凝固，已凝固的固体层从铸件表面逐层向中心推进，与未凝固的液体之间界面分明，而且固体层内表面比较光滑，对液体的流动阻力小，直至析出较多的固相时，才停止流动。此类合金液流动时间较长，流动性好。对于具有较宽结晶温度范围的合金，铸件断面上存在的液固两相区就越宽，枝晶也越发达，阻力越大，合金液停止流动就越早，流动性就越不好。通常，在铸造 Al 合金中，Al-Si 合金的流动性好；在铸造 Cu 合金中，黄铜比锡青铜的流动性好。

液态金属充满铸型型腔，获得形状完整、轮廓清晰的铸件的能力，称为液态金属充填铸型的能力，简称充型能力。液态金属充型能力取决于金属本身的流动性。液态金属一般是在纯液态下充满型腔，也有边充型边结晶的情况。

实践证明，同一种金属用不同的铸造方法，能铸造的铸件最小壁厚不同；同样的铸造方法，由于金属不同，能得到的最小壁厚也不同，如表 4.4 所示。

表 4.4　不同金属和不同铸造方法铸造的铸件最小壁厚（mm）

金属种类	铸造方法				
	砂型	金属型	熔模	壳型	压铸
灰铸铁	3	>4	0.4~0.8	0.8~1.5	—
铸钢	4	8~10	0.5~1	2.5	—
铝合金	2	3~4	—	—	0.6~0.8

液态金属的充型能力主要取决于金属本身的流动性，同时又受外界条件，如铸型性质、浇注条件、铸件结构等因素的影响，是各种因素的综合反映。金属的流动性对于气体、杂质的排出，以及补缩、防裂等有很大影响。

液态金属的流动性是用浇注流动性试样的方法衡量的。由于影响液态金属充型能力的因素很多，很难对各种合金在不同的铸造条件下的充型能力进行比较，所以常常采用在相同条件下所测得的合金流动性表示合金的充型能力。

流动性试样的类型很多，如螺旋形试样、球形试样、U 形试样、α 形试样、真空试样等。在生产和科学研究中应用最多的是螺旋形流动性试样，其结构如图 4.4 所示。表 4.5 给出了一些合金的流动性。

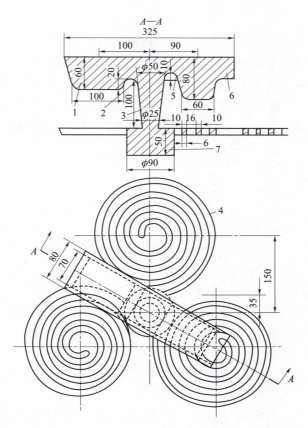

1—浇口杯；2—低坝；3—直浇道；4—螺旋；5—高坝；6—溢浇道；7—全压井。

图 4.4　螺旋形流动性试样的结构

表 4.5　一些合金的流动性（螺旋形试样，沟槽截面 8 mm×8 mm）

合金		造型材料	浇注温度/℃	螺旋形长度/mm
铸铁	$w(C)+w(Si)=6.2\%$	砂型	1 300	1 800
	$w(C)+w(Si)=5.9\%$		1 300	1 300
	$w(C)+w(Si)=5.2\%$		1 300	1 000
	$w(C)+w(Si)=4.2\%$		1 300	600
铸钢 [$w(C)=0.4\%$]		砂型	1 600	100
			1 640	200
铝硅合金		金属型（型温 300 ℃）	680~720	700~800
镁合金（Mg-Al-Zn）		砂型	700	400~600
锡青铜 [$w(Sn)=9\%\sim11\%$、$w(Zn)=2\%\sim4\%$]		砂型	1 040	420
硅黄铜 [$w(Si)=1.5\%\sim4.5\%$]			1 100	1 000

2. 收缩

铸件在液态、凝固态和固态的冷却过程中所发生的体积减小现象，称为收缩。收缩的物理实质是原子间距离随温度的下降而缩短，原子间的空穴数量减少。因此，收缩是铸造合金本身的物理性质。收缩是铸件中的应力及许多缺陷，如缩孔、缩松、热裂、变形和冷裂等产生的基本原因。因此，它是决定铸件质量的重要铸造性能之一。

金属从高温 t_0 冷却到 t_1 时，其体收缩率 ε_V 和线收缩率 ε_L 的计算如下：

$$\varepsilon_V = \frac{V_0 - V_1}{V_0} = \alpha_V(t_0 - t_1) \times 100\% \tag{4.2}$$

$$\varepsilon_L = \frac{l_0 - l_1}{l_0} = \alpha_L(t_0 - t_1) \times 100\% \tag{4.3}$$

$$\alpha_V \approx 3\alpha_L \tag{4.4}$$

$$\varepsilon_V \approx 3\varepsilon_L \tag{4.5}$$

式中，V_0、V_1——金属在 t_0、t_1 温度时的体积；

l_0、l_1——金属在 t_0、t_1 温度时的长度；

α_V、α_L——金属在 $t_0 \sim t_1$ 温度范围内的体收缩系数、线收缩系数（1/℃）。

任何液态金属注入铸型后，从浇注温度冷却到常温都经历以下 3 个互相关联的收缩阶段。

（1）液态收缩阶段：自浇注温度冷却到液相线温度，金属完全处于液态，金属体积减小，表现为型腔内液面的降低。

（2）凝固收缩阶段：自液相线温度冷却到固相线温度（包括状态的改变）。对于一定温度下结晶的纯金属和共晶成分的合金，凝固收缩只是因为合金的状态改变，而与温度无关或基本无关。具有结晶温度间隔的合金，凝固收缩不仅与状态改变有关，而且随结晶温度间隔的增大而增大。液态收缩和凝固收缩是铸件产生缩孔和缩松的基本原因。

（3）固态收缩阶段：自固相线温度冷却至常温，铸件各个方向都表现出线尺寸的缩小，对铸件的形状和尺寸精度影响最大，也是铸件产生应力、变形和裂纹的基本原因。常用线收缩率表示固态收缩的程度。纯金属和共晶合金的线收缩是在金属完全凝固以后开始的。对于具有一定结晶温度间隔的合金，当枝晶彼此相连而形成连续的骨架时，合金便开始表现为固态的性质，即开始线收缩。实验证明，此时合金中尚有 20%～45% 的残留液体。

3. 热裂倾向

热裂纹的外观特征是沿晶界扩展，外形曲折，表面呈氧化色，不光滑。热裂纹分外裂和内裂。外裂常产生在铸件截面厚度有突变或局部凝固慢的热节部位；内裂产生在铸件内部最后凝固的部位，常在缩孔附近或其尾部。热裂纹不仅降低金属的力学性能，还引起应力集中，使用时会因裂纹扩展而导致铸件断裂。热裂纹是在凝固温度范围内邻近固相线时形成的，此时合金处于热脆区。

解释热裂纹形成机制的理论主要有液膜理论和强度理论。

（1）液膜理论：铸件冷却到固相线温度附近时，晶粒的周围还有少量未凝固的液体，构成液膜。铸件收缩受阻时，变形主要集中在液膜上，变形达到某一临界值，液膜开裂，形成晶间裂纹。

（2）强度理论：铸件在凝固期间，因砂型、砂芯、浇注系统和冒口等阻碍而不能自由收缩时，内部产生的应力或应变超过其在该温度下的断裂强度或断裂应变，即产生热裂纹。

4.2.2　实验项目：Al 合金的铸造性能测试与分析

微课视频 Al 合金的铸造
性能测试与分析

1. 实验目的
（1）了解浇注温度、合金成分对铸造合金流动性的影响。
（2）了解线收缩仪的结构及工作原理。
（3）了解热裂倾向仪的结构及工作原理。
（4）掌握用螺旋形试样法测定铸造合金流动性的方法。
（5）掌握合金自由线收缩曲线的测定方法。
（6）掌握合金热裂倾向的测定方法。

2. 实验内容及原理

（1）流动性。熔融金属的流体力学与普通液体的流体力学的主要区别：对普通液体一般不考虑传热现象，而热交换对熔融金属是非常重要的。由于熔融金属在流动中温度不断下降，所以可能发生结晶凝固现象。此时金属液体的黏度增大，流速降低。在冷却速度较快时，甚至未充满铸型前即停止流动，就会使铸件产生浇不足等铸造缺陷，因此研究铸造合金的流动性至关重要。

（2）自由线收缩。金属在固态的线尺寸改变量称为线收缩。在设计和制造模样时，需要知道线收缩。纯金属和共晶合金的线收缩，是在完全凝固后开始的。具有一定结晶范围的合金，当液态时的温度稍低于结晶温度时，便开始表现为液态收缩性质；当温度继续下降时，枝晶数量增多，彼此连成骨架，合金开始表现为固态性质，即开始线收缩。固体收缩常用线收缩率来表示。

当合金收缩不受铸型等外部条件的阻碍时，此时的线收缩率，称为自由线收缩率。为了防止铸件因收缩而产生铸造缺陷，在制订合理的工艺措施时，合金的自由线收缩率是必须掌握的工艺参数之一。

测定线收缩的方法很多，本书采用的是 ZSX 铸造合金线收缩仪，其工作原理如图 4.5 所示。

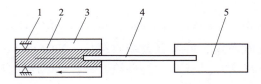

1—固定装置；2—试棒；3—砂型；4—石英连杆；5—位移传感器。

图 4.5　ZSX 铸造合金线收缩仪的工作原理

砂箱内浇注的合金圆试棒（该试棒凝固后一端固定，另一端与石英连杆连接，石英连杆的一端与位移传感器连接；可沿轴向自由移动）在冷却过程中由于固态收缩发生轴向线性变化，通过石英连杆联动位移传感器，把机械变化转变为电信号（或直接从百分表读出），再通过仪器记录下收缩量–时间和温度–时间曲线，最后用式（4.6）计算自由线收缩率。

$$\varepsilon_L = \alpha_L(t_s - t_0) \times 100\% = \frac{L - L_0}{L} \times 100\% = \frac{\Delta L_0}{L} \times 100\% \qquad (4.6)$$

式中，ε_L——金属的线收缩率；

α_L——金属的固态线收缩率系数（1/℃）；

t_s——线收缩开始温度（℃）；

t_0——室温（℃）；

L——原始试样长度；

L_0——t_0温度时试样的长度。

（3）热裂倾向。铸锭或铸件的裂纹是产品的致命缺陷，铸造裂纹有高温下发生的裂纹和降到常温发生的裂纹。热裂是铸钢件、可锻铸铁坯件和某些轻合金铸件中最常见的铸造缺陷之一。热裂可分为外裂和内裂两种。外裂大部分用肉眼就能看出来，内裂则要用专门仪器来检查。影响热裂发生的因素很多，不同的合金，发生热裂倾向的大小也不同。

热裂倾向的大小可以用专门的工艺或专门设计的仪器来测定。本实验采用热裂倾向仪进行测定，其结构如图4.6所示。测定原理：试样在凝固过程中，当结晶骨架已经形成，并开始线收缩时，由于收缩受阻，试样热节处就会产生应力或塑性变形，当应力或塑性变形超过了该温度下合金的强度极限或延伸率时，试样就会开裂。用仪器记录开裂时的临界力及相应的温度范围，以此临界力衡量合金的热裂倾向，临界力越大，表明热裂倾向越小。

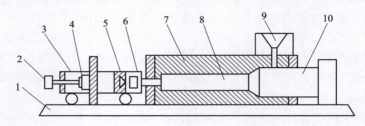

1—底座；2—加载螺钉；3—马蹄形铁；4—传感器；5—夹块；
6—拉杆；7—砂型；8—模样；9—浇口杆；10—冷铁。

图 4.6　热裂倾向仪的结构

3. 实验材料和设备

（1）实验材料：造型用砂、纯铝、Al-5%Si、Al-12%Si、Al-4%Cu、Al-7%Cu。

（2）实验设备：热裂倾向仪、铸造合金线收缩仪、NiCr-NiSi-镍硅热电偶、坩埚电阻炉、快速测温热电偶、16#石墨黏土土坩埚、砂箱、螺旋形试样模具、钢直尺。

4. 实验方法和步骤

1）流动性测定

（1）造型：在铸模上面先撒起模砂，然后进行填砂、舂砂，造好砂型后，用砂型硬度计测砂型硬度。工作场地铺一层砂，用平尺刮平，放好砂箱，并用水平尺找平。

（2）测温及浇注：熔制好的金属液，出炉后立即测温，当温度达到预定温度时，迅速浇注。注意：在浇注时要保持液面稳定。

（3）开箱及测量：待合金凝固后开箱，冷却后对得到的螺旋形试样进行长度测量，填入表4.6中。

表4.6 螺旋形试样的长度

合金种类	纯铝		Al-5%Si		Al-12%Si	
浇注温度	750 ℃	680 ℃	750 ℃	680 ℃	750 ℃	680 ℃
螺旋形试样长度						

2）自由线收缩曲线测定

（1）调整线收缩仪至水平。

（2）用试棒模具和砂箱造型：把试样模具组装在砂箱内，放在台板上填砂春实造型。注意：紧实度要适宜，填砂造型结束后，松开与试棒模具接触的定位螺钉，然后将试棒模具从砂箱中抽出。

（3）传感器连接：将石英连杆一端与位移传感器延长杆连接紧固，石英杆另一端插入砂箱前端，位移传感器信号线与记录仪连接。连接 NiCr-NiSi-镍硅热电偶延长线，并与记录仪 K 热电偶接口连接。

（4）制作浇口杯，安放在砂型的浇口处，并将热电偶插入测温石英管中，将插入热电偶的测温石英管插入浇口处，等待浇注。

（5）配料熔化实验用合金，升温至 800 ℃，精炼除气，保温。

（6）用浇包取出熔化的合金，用热电偶测温，当达到浇注温度后，立即浇注。

（7）浇注后，注意观察记录仪表的工作情况，当温度降到室温后关闭仪表。

3）热裂倾向测定

（1）熔化合金：用坩埚电阻炉、石墨黏土坩埚熔化合金材料，用快速测温热电偶测温，加热至 750 ℃时进行浇注。

（2）仪器调试：将热电偶线头接到热电偶接线柱上（注意正负极）；将传感器线头接到信号输入接线柱上；接通外电源（220 V）。

5. 实验分组

每 6 人为 1 组。根据不同的测定内容进行实验，实验后整理数据。

6. 实验报告

（1）根据实验结果，在坐标纸上，分别整理自由线收缩率-时间曲线、自由线收缩率-温度曲线。

（2）将整理的数据填入表4.7中，并进行比较。

表4.7 实验记录单

材料名称	Al-7%Cu	Al-4%Cu
浇注温度/℃		
铸型温度	室温	室温
热裂温度范围		
临界力		
热裂倾向		

7. 课后作业

（1）分析计算凝固及冷却过程中的自由线收缩系数。

（2）比较不同 Al 合金的热裂倾向，结合相图分析其原因。

4.3 冷却条件对 Al-Si 合金铸造组织和性能的影响

4.3.1 概述

1. 金属凝固过程

液态金属结晶的过程主要涉及晶核的生成和生长这两个核心步骤。晶核是一种固体物质，它具有一定形状、大小及表面性质。在金属结晶的过程中，首先会从液态金属中生成一些非常微小的晶体，即为晶核，它们通过不断地吸附周围液体中的原子来生长。这些小晶粒随着温度的升高而逐渐长大。同时，在液态环境中，新的晶核不断生成并逐渐扩大，直至所有液态金属完全凝固，最终形成了由多个形状不规则的小晶体构成的金属。金属的晶粒形态与合金元素含量有关，但也受铸造条件、熔炼方法等因素的影响。金属结晶是一个金属原子从无序的液态转变为有序排列的固态的过程，是一种复杂的物理化学综合反应过程。

研究表明，控制金属凝固过程的主要方法包括控制冷却速度、增强对流和进行孕育变质处理。其中，控制冷却速度是最简单的方法，且应用相当广泛。

2. 冷却速度

冷却速度是影响晶粒形成和长大的关键因素。随着冷却速度的加快，晶粒结构变得更为均匀。选择合适的冷却速度对于材料形成理想的微观结构是至关重要的。在常规的铸造环境中，合金常常会出现如晶粒过大、偏析严重等问题，这主要是由合金在凝固过程中的过冷度过低，即其冷却速度过慢所导致的。因此，解决 Al 合金在常规铸造条件下存在的各种缺陷，关键在于提升熔体凝固过程中的过冷度。这意味着需要加快合金凝固时的传热速度，以加速冷却过程。这样，合金的形核时间将大大缩短，使其无法在接近平衡熔点处凝固，只能在远离平衡熔点的较低温度下进行凝固，从而赋予其更高的凝固过冷度和冷却速度。

3. 冷却速度对过共晶 Al-Si 合金的影响

在过共晶 Al-Si 合金熔体中存在着 Si 原子团，这些 Si 原子团在快速凝固过程中将优先形核并在随后的凝固过程中长大。在快速凝固过程中，过共晶 Al-Si 合金熔体中 Si 相的长大速度在很大程度上受熔体中 Si 原子在 Si 晶体生长表面的扩散速度的影响。因此，过共晶 Al-Si 合金熔体中初生 Si 的生长速度在很大程度上取决于熔体中 Si 原子的扩散速度。

当过共晶 Al-Si 合金熔体以非常快的冷却速度凝固时，将导致熔体中的 Si 原子没有充足的时间向已形核的初生 Si 表面扩散，最终，使初生 Si 的生长受到抑制，形成的初生 Si 的尺寸非常细小。对于常规铸造条件（冷却速度在 10^2 ℃/s 以下）来说，初生 Si 形核后必然会有所长大，冷却速度增加，初生 Si 的平均尺寸也会减小。

简言之，金属结晶的整个过程中，过冷度起到了关键的调控作用，对于晶核的生成和晶体的生长都具有显著影响。

4.3.2　实验项目：冷却条件对 Al-Si 合金铸造组织和性能的影响

1. 实验目的

（1）了解金属型铸造、干砂型铸造、湿砂型铸造的工艺及特点。

（2）比较金属型铸造、干砂型铸造、湿砂型铸造下 Al-Si 合金的组织和性能差异。

微课视频 冷却条件
对 Al-Si 合金铸造
组织和性能的影响

（3）了解 Al-Si 合金金相试样的制备、硬度测试的基本方法。

（4）熟悉 Al-Si 合金的显微组织特点及析出特点。

2. 实验内容及原理

Al-Si 合金是众多工业合金中的一种，这种合金展现出了卓越的铸造特性，以及出色的机械和物理化学性质。随着现代科学技术的发展，Al-Si 合金的需求量越来越大，已成为世界各国竞相开发的重点材料。Al-Si 合金是目前研究和应用最广泛的铸造 Al 合金，占据了 Al 铸件总产量的 85%~90%，适合各种不同的铸造方法。Si 作为关键元素，能够增强 Al-Si 合金的铸造特性，优化其流动性，减少热裂的可能性，降低缩松现象，并提升其气密性，从而生产出结构紧密的铸件。Al-Si 合金具有出色的抗腐蚀能力和中等的强度，但其塑性相对较低，其机械特性与 Si 元素的形态和分布有着密切的联系。通过改变共晶 Si 的形态并减少其对基体性能的负面影响，可以有效地提升 Al-Si 合金的机械性能。

本实验在不同冷却条件下对 Al-Si 合金熔体进行凝固行为对比，对不同冷却条件下的合金凝固试样进行金相组织观察、硬度测试、尺寸精度测试等，研究不同冷却条件对铝硅合金凝固行为的影响。

3. 实验材料和设备

（1）实验材料：纯铝、纯硅、型砂、砂箱、铸造模样、砂纸、精炼剂等。

（2）实验设备：坩埚电阻炉、硬度计、金属型、抛光机、金相显微镜等。

4. 实验方法和步骤

1）造型和熔炼

（1）用配置好的型砂和铸造模样造型，并对部分砂型和金属型进行烘干处理。

（2）分别在两个坩埚电阻炉中放入 2 kg 纯铝，纯铝完全熔化后，向两个坩埚电阻炉中放入纯硅，分别制备 Al-7%Si 合金及 Al-18%Si 合金，熔炼温度为 910 ℃。

（3）Al-Si 合金熔体熔炼完成后，进行精炼并倾倒到金属型、干砂型和湿砂型中进行凝固，浇注温度为 720 ℃。

（4）待 Al-Si 合金凝固后，取出试样，并进行编号。

2）金相试样的制备

（1）粗磨：利用砂轮机将试样的底部磨平。

（2）精磨：选用 120#、240#、320#、400#、500#和 600#砂纸分别对试样进行磨制。

（3）抛光：利用抛光机对精磨后的试样表面进行抛光。

（4）浸蚀：用已配置好的 0.5% 的氢氟酸浸蚀 5~8 s。

3）金相组织观察

（1）将已制备的 Al-7%Si 合金金相试样放在金相显微镜下进行组织观察，对比金属型试样、干砂型试样和湿砂型试样组织中的 α-Al 和共晶 Si 的形态、尺寸和分布。

（2）将已制备的 Al-18%Si 合金金相试样放在金相显微镜下进行组织观察，对比金属型试样、干砂型试样和湿砂型试样组织中的 α-Al、共晶 Si 和初生 Si 的形态、尺寸和分布。

将在金相显微镜下所观察到的 Al-Si 合金金相组织绘到表 4.8 中。

表 4.8 Al-Si 合金金相组织

冷却方式	Al-7%Si 合金金相组织	Al-18%Si 合金金相组织
金属型冷却	◯	◯
干砂型冷却	◯	◯
湿砂型冷却	◯	◯

4）洛氏硬度测试

（1）对比相同成分、不同冷却速度条件下 Al-Si 合金的洛氏硬度。

（2）对比相同冷却速度、不同成分条件下 Al-Si 合金的洛氏硬度。

将所测 Al-7%Si 合金硬度数值填写到表 4.9 中，所测 Al-18%Si 合金硬度数值填写到表 4.10中。

表 4.9　Al-7%Si 合金凝固组织的洛氏硬度

合金	Al-7%Si											
冷却条件	金属型冷却				干砂型冷却				湿砂型冷却			
	1	2	3	平均	1	2	3	平均	1	2	3	平均
硬度数值												

表 4.10　Al-18%Si 合金凝固组织的洛氏硬度

合金	Al-18%Si											
冷却条件	金属型冷却				干砂型冷却				湿砂型冷却			
	1	2	3	平均	1	2	3	平均	1	2	3	平均
硬度数值												

5）铸件尺寸精度的比较

分别取金属型试样、干砂型试样和湿砂型试样，用游标卡尺测量其底部直径尺寸，再分别测其模具的相同部位尺寸，按照式（4.7）求出其尺寸的变化率，并进行比较。

$$\Delta L = \frac{\phi - \phi_0}{\phi} \times 100\% \qquad (4.7)$$

式中，ΔL——铸件尺寸变化率；

　　　ϕ_0——铸件的底部直径；

　　　ϕ——模具的底部直径。

将所测硬度数值及计算得到的尺寸变化率数值填写到表 4.11 中。

表 4.11　实验数据汇总表

合金	Al-7%Si			Al-18%Si		
冷却条件	金属型	干砂型	湿砂型	金属型	干砂型	湿砂型
洛氏硬度（平均值）						
尺寸变化率（ΔL）						

5. 实验分组

每 6 人为 1 组。根据成分和冷却条件不同，可得 6 个不同条件下的铸件，要求每个条件浇注 5 个试样。

6. 实验报告

（1）画出金属型试样、干砂型试样和湿砂型试样金相组织，并进行比较。

（2）将测得的硬度数据填入对应表格中，并进行比较。

（3）对比不同冷却条件下 Al-Si 合金的组织和性能，分析冷却条件对 Al-Si 合金组织和性能的影响。

7. 课后作业

（1）简述冷却方式对不同成分 Al-Si 合金组织和性能的影响。

（2）简述冷却条件与不同成分 Al-Si 合金尺寸变化率的关系。

4.4　共晶 Al-Si 合金的变质处理

4.4.1　概述

1. 变质处理的意义

Al 合金在铸造过程中，常出现氧化夹渣、气孔气泡、裂纹等缺陷，严重影响其性能，容易造成断裂或磨损。在铸造过程中加入变质剂可有效防止这些缺陷产生，提高 Al 合金的性能。变质处理的主要目的是细化晶粒，改善脆性相，改善晶粒形态和分布状况。自 1921 年科研工作者发现 Na 能够改善共晶 Al-Si 合金的共晶组织，有效提高其力学性能以来，变质处理即成为含 $w(\text{Si}) = 6\% \sim 13\%$ 的合金砂型铸造、熔炼铸造及金属型铸造的必要工序。

2. 常用变质剂

变质剂种类繁多，在生产中应用最广泛的变质剂由 Na 盐和 K 盐混合而成。Al-Si 合金常用变质剂的成分及特征列于表 4.12 中。

表 4.12　Al-Si 合金常用变质剂的成分及特征

变质剂名称	成分（质量分数）/%				特征		
	NaF	NaCl	KCl	Na_2AlF_6	熔点/℃	配置方法	变质温度/℃
二元	67	33	—	—	810~830	机械混合	900~910
三元	25	62	13	—	≈606	重熔后冷凝	720~740
四元	45	40	15	—	730~750	机械混合	740~760
通用一号	60	25	—	15	≈750	机械混合	800~810
通用二号	40	45	—	15	≈700	机械混合	750~780
通用三号	30	50	10	10	≈650	机械混合	710~750

3. 变质处理的原理

为了获得高质量的金属液，在变质处理前，要先进行金属熔体的净化处理，也称为精炼除气。精炼除气的目的在于去除铝液中的气体和各种非金属夹杂物，保证获得高质量的铝液。目前在生产中使用的精炼除气方法有加入氯化物、通入不与 Al 反应的气体（如 N_2）、通入能与 Al 反应的气体（如 Cl_2）及真空处理等。

C_2Cl_6 为白色的结晶体，比重为 2.091，升华温度为 185.5 ℃。C_2Cl_6 和铝液产生下列反应：

$$3C_2Cl_6 + 2Al \longrightarrow 3C_2Cl_4 + 2AlCl_3$$

C_2Cl_4 的沸点为 121 ℃，不溶于水，$AlCl_3$ 的沸点为 183 ℃，一起参与精炼。

对于共晶 Al-Si 合金，常用 KCl、NaF、NaCl 三元变质剂进行变质。根据 Al 合金的结晶特点，其变质处理可以分成如下 3 类：

（1）对 Al–Si 合金固溶体的细化；

（2）对 Al–Si 合金共晶组织的细化；

（3）对过共晶 Al–Si 合金中初生 Si 的细化。

在 KCl、NaF、NaCl 组成的三元变质剂中，只有 NaF 能在变质温度下与铝液反应分解出 Na 元素，进入铝液中起变质作用，KCl、NaCl 本身不起变质作用，它们的作用是和 NaF 组成复合盐降低熔点，有利于反应的进行。变质剂和铝液接触后，产生下列反应：

$$6NaF+Al \longrightarrow Na_3AlF_6+3Na$$

NaCl 的价格便宜、来源广，和 NaF 相似，也有 Na$^+$，但在变质温度下 Cl$^-$ 的酸度比 F$^-$ 的酸度小，不能生成络合物 Na$_2$AlF$_6$。同理，KCl 虽有变质元素 K$^+$，也不能与铝液反应分解出 K 元素，起变质作用。NaCl 和 KCl 的作用是和高熔点的 NaF 组成混合盐，大大降低熔点，使变质剂在变质温度下处于熔融状态，有利于反应的进行，加快反应速度，提高变质效果。同时，液态变质剂能在铝液表面形成覆盖层，对铝液起保护作用，减少氧化、吸气。NaCl、KCl 称为稀释剂或助熔剂。

加入 Na$_2$AlF$_6$ 的变质剂有良好的精炼能力，称通用变质剂，应用于重要的铝铸件。

Na 盐变质虽有许多优点，但也存在许多缺点，如腐蚀铁质坩埚、变质有效时间短、易产生气孔等。因此，Sr、Sb、RE（稀）土，等其他变质方法目前也逐渐得到使用。

4.4.2　实验项目：共晶 Al–Si 合金的变质处理

微课视频 共晶 Al–Si 合金的变质处理

1. 实验目的

（1）了解共晶 Al–Si 合金的熔化工艺及特点。

（2）了解和掌握共晶 Al–Si 合金精炼和变质的方法。

（3）观察和分析变质处理对共晶 Al–Si 合金组织的影响。

2. 实验内容与原理

Al–Si 合金的细化处理是通过控制晶粒的形核和长大来实现的。细化处理的基本原理是促进形核，抑制长大。晶粒细化剂的加入量与合金种类、化学成分、加入方法、熔炼温度和浇注时间等有关。若加入量过大，则形成的异质形核颗粒会逐渐聚集。由于其密度比铝熔体大，因此会聚集在熔池底部，丧失晶粒细化能力，产生细化效果衰退现象。

当细化效果达到最佳时进行浇注是最为理想的。随着合金的熔炼温度和加入的细化剂的种类不同，达到最佳细化效果所需要的时间也有所不同，通常存在一个可接受的保温时间范围。合金的浇注温度也会影响最终的细化效果。在较小的过热度下浇注，可以获得良好的细化效果。随着过热度的增大，细化效果将下降。通常存在一个临界温度，低于该温度时，温度变化对细化效果的影响并不明显；而高于此温度时，随着浇注温度的升高，细化效果会迅速下降。该临界温度同合金的化学成分、细化剂的种类和加入量有关。

3. 实验材料和设备

（1）实验材料：纯铝、工业硅、C$_2$Cl$_6$、KCl、NaF、NaCl 等。

（2）实验设备：SG$_2$–5–10 坩埚电阻炉、NiCr–NiSi 热电偶、金相显微镜、金属型、电子秤、天平、坩埚钳、钟罩、撇勺、石墨坩埚等。

4. 实验方法和步骤

（1）配制 Al–12%Si 合金 2 kg。用电子秤称取一定量的纯铝和工业硅。铝锭应块度适当，结晶硅的粒度为 15 mm×15 mm~20 mm×20 mm。

（2）合金的熔炼在 SG_2-5-10 坩埚电阻炉中进行。将坩埚电阻炉升温，用 NiCr–NiSi 热电偶测温，温度控制在 750~760 ℃。把石墨坩埚放入炉中预热（400~500 ℃），同时去除炉料附着的水分、铝锈和油污。

（3）将铝锭放入坩埚内加热至 750~760 ℃ 熔化，当铝熔化至液态时，将称好的粒度为 15 mm×15 mm~20 mm×20 mm 的结晶硅压入铝液充分熔解。当炉料全部熔化后保温20 min，在金属型中浇注 3 个圆柱试样，并编号，如表 4.13 所示。

表 4.13 试样的编号

合金成分	Al–12%Si		Al–5%Si（可选用）	
三元变质剂	未变质处理	变质处理	未变质处理	变质处理
试样编号	1	2	3	4

（4）精炼除气。将石墨坩埚取出炉外，在合金液中加入精炼剂 C_2Cl_6，加入量为合金总量的 0.4%。用钟罩将精炼剂压入铝液中，缓慢均匀水平搅动。待液面反应停止时取出钟罩，扒去液面上的浮渣。

（5）变质处理。在合金液中加入 KCl、NaF、NaCl 组成的三元变质剂。加入量为合金总量的 1.5%（3 种成分的比例为 KCl∶NaF∶NaCl＝1∶2∶5）。用钟罩将三元变质剂压入铝液中，缓慢均匀水平搅动。待液面反应停止时取出钟罩，再次扒去液面上的浮渣。放回坩埚电阻炉中镇静 10 min，温度控制在 750~760 ℃。

（6）浇注。在金属型中浇注 3 个经变质处理的圆柱试样，并编号，如表 4.13 所示。

（7）在金相显微镜下观察和对比分析变质处理与未变质处理两种状态下共晶铝硅合金的组织变化（α–Al 相和共晶硅相的形态对比）。

5. 实验分组

每 5 人为 1 组。每组完成砂型制作、合金熔炼、变质处理、金相检验、硬度测试、数据汇总。

6. 实验报告

（1）按照实际情况填写所用合金质量、变质剂质量及精炼剂质量。

（2）画出未变质试样和变质试样的金相组织，并进行比较。

7. 课后作业

（1）C_2Cl_6 精炼除气的目的是什么？

（2）陈述 KCl、NaF、NaCl 三元变质剂变质 Al–Si 合金的目的。

4.5 硅砂性能的测定及形貌的宏观观察

4.5.1 概述

在砂型铸造过程中，原砂是混合料的主要成分，其质量分数依据所使用的黏结剂类型而有所差异，一般分布在80%~99%之间。在砂型铸造中有多种原砂被使用，但是硅砂的应用最为广泛。

硅砂的主要矿物成分为石英（SiO_2），是晶体形硅的氧化物，铸造生产所用的硅砂由粒径为0.020~3.35 mm的小石英颗粒物组成。纯净的硅砂多为白色，被铁的氧化物污染时常成淡黄或浅红色。按照其开采和加工方法，分为水洗砂、人工硅砂、擦洗砂和精选砂。

1. 石英的结构转变

石英具有多种同质异晶体。自然界的石英多为β石英，但随着温度的变化和冷却速度的差异，可以多种形态存在，并产生相应的不同密度、体积、物理性能的变化。石英各种变体的转变关系如图4.7所示，各种变体的性质特点如表4.14所示。

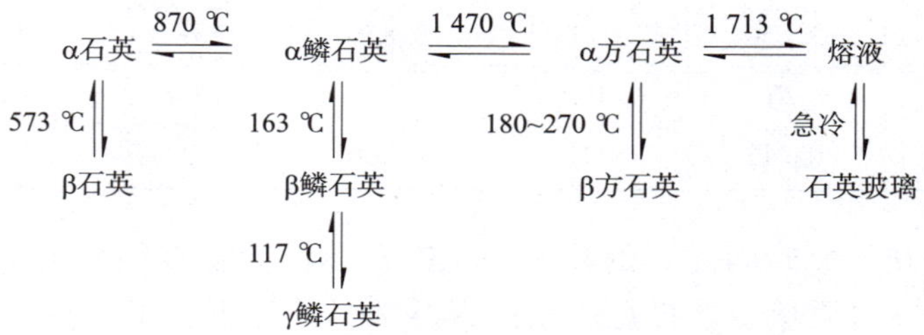

```
        870 ℃              1 470 ℃             1 713 ℃
α石英 ⇌ α鳞石英 ⇌ α方石英 ⇌ 熔液

573 ℃      163 ℃        180~270 ℃        急冷

β石英    β鳞石英      β方石英        石英玻璃

         117 ℃

        γ鳞石英
```

图4.7　石英各种变体的转变关系

表4.14　石英各种变体的性质特点

变体名称	密度/($g \cdot cm^{-3}$)	结晶变化	相变温度/℃	线膨胀率/%	体膨胀率/%
β石英	2.65	β石英⇌α石英	573	0.45	0.82
α石英	2.52				
γ鳞石英	2.31	γ鳞石英⇌β鳞石英	117	0.27	0.20
β鳞石英	2.29	β鳞石英⇌α鳞石英	163	0.06	0.20
		α石英⇌α鳞石英	870	5.10	16.10
α鳞石英	2.25	β石英→α鳞石英	870	5.55	16.82
β方石英	2.27	β方石英→α方石英	230	1.05	2.80
		α鳞石英→α方石英	1 470	1.05	4.70
α方石英	2.22	β石英→α方石英	1 470	6.60	21.52
石英玻璃	2.20	α方石英→石英玻璃	1 713	0	−0.90

2. 矿物组成和杂质成分的影响

硅砂中除石英外，还含有长石、云母、铁的氧化物、碳酸盐及黏土等矿物。这些矿物的存在降低了硅砂的耐火度，因此皆称为杂质矿物。

工业上使用的硅砂，其化学成分和矿物组成各有差异。杂质的种类、含量及其存在形式和分布都会对硅砂的耐火度、酸耗值及加工方法产生直接影响。若杂质主要分布在砂粒表面、细粉和泥类中，可以通过水洗、擦洗、水力分级等简单选矿方法来清除，进而降低砂的含泥量，提升硅砂的品质。目前，铸造用硅砂主要控制 SiO_2 的含量，对于杂质的含量并未作出具体规定。

3. 硅砂粒度控制和表示方法

成品硅砂的粒度与原砂的筛选分级工艺及铸造生产的实际需求有关。硅砂的粒度根据试验筛开孔尺寸来划分，试验筛筛号与筛孔尺寸的关系如表 4.15 所示。GB/T 9442—2024《铸造用硅砂》对原砂粒度主要用两种表示方式，以主要粒度组成部分的三筛或四筛的首尾筛号表示法和平均细度范围表示法。

表 4.15　铸造用试验筛筛号与筛孔尺寸的关系（GB/T 2684—2009）

筛号	6	12	20	30	40	50
筛孔尺寸/mm	3.350	1.700	0.850	0.600	0.425	0.300
筛号	70	100	140	200	270	
筛孔尺寸/mm	0.212	0.150	0.106	0.075	0.053	

铸造用硅砂（其他原砂同此）的粒度采用铸造用试验筛进行分析，经过称量、计算、筛分后各筛上砂粒停留质量占砂样总质量的百分数，三筛不少于 75%、四筛不少于 85%，即视三筛或四筛为该砂的主要粒度组成，然后以其首尾筛号表示，如 30/50 或 30/70。目前生产中以 40/70 号筛、50/100 号筛和 70/140 号筛 3 组砂的用量较多，分别对应于大、中、小型铸件。

硅砂粒度除了可以用筛号表示，还可以用平均细度表示，两种方法都和筛号有一定的联系，但在应用中又都有其优点和不足之处。

表 4.16 为筛号与对应的细度因数。硅砂的平均细度是先计算筛分后各筛上砂粒停留质量占砂样总质量的百分数，再乘表 4.16 所列相应的砂粒细度因数，然后将各乘积数相加，用乘积总和除以各筛号停留砂粒质量分数的总和，并将所得数值根据修约规则取整，其结果即为平均细度。平均细度可反映原砂颗粒平均尺寸，其计算公式如下：

$$\eta = \frac{\sum P_n X_n}{\sum P_n} \tag{4.8}$$

式中，η——砂样的平均细度；

P_n——任一筛号上停留砂粒质量占总量的百分数；

X_n——细度因数；

n——筛号。

表 4.16　筛号与对应的细度因数

筛号	6	12	20	30	40	50
细度因数	3	5	10	20	30	40
筛号	70	100	140	200	270	底盘
细度因数	50	70	100	140	200	300

GB/T 9442—2024《铸造用硅砂》，在筛号表示和控制的基础上要求同时注明硅砂的平均细度值范围。根据计算，各组硅砂平均细度的中值恰好为该组硅砂前筛号的数字，如 50/100 号筛的硅砂，其平均细度的中值为 50。若平均细度值低于中值，则该组砂前筛号上的粗砂较多；反之，则后筛号上的细砂较多。

4. 硅砂的表面状态和颗粒形状

硅砂的表面状态及颗粒形状不仅与石英晶体结构有关，还与成矿年代、特点及砂粒被污染程度有关。它对型砂的强度、性能有很大的影响。通过显微镜高倍放大观察，可以看出硅砂中除了表面光整的砂粒，还有一些表面不平或起伏的凹陷，有的砂粒还带有一些碎屑的鳞片，它们对型砂的强度都有一定的影响。

硅砂表面的光整洁净度越高，与黏结剂之间的物理和化学结合力就越强，从而型砂的强度也会越高。

硅砂的颗粒形状是依据砂粒的圆整度和表面棱角磨圆的程度来区分的，典型的原砂颗粒形状如图 4.8 所示。角形因数用来定量反映铸造用硅砂颗粒的几何形状，是铸造用硅砂的实际比表面积与理论比表面积的比值。

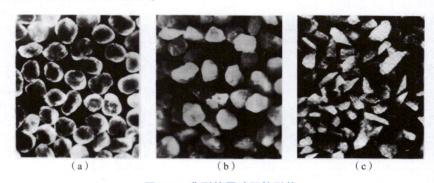

（a）　　　　　（b）　　　　　（c）

图 4.8　典型的原砂颗粒形状

（a）圆形；（b）钝角形；（c）尖角形

GB/T 9442—2024《铸造用硅砂》的角形因数对各种粒形进行大致的定量划分。但是在实际运用中大部分硅砂其颗粒形状都是混合的，天然硅砂的角形因数都在 1.20 ~ 1.45 之间。

大量的试验结果表明，使用圆形颗粒的硅砂，型砂的流动性良好且紧实度较高，砂粒间的接触点和黏结剂"连接桥"的截面积增大，对提高型砂的强度有利；砂粒排列越紧密，对提高型砂的强度越有利，但砂粒在高温状态下的线膨胀量及膨胀应力也将会变得更大。

5. 铸造用硅砂的技术指标

GB/T 9442—2024《铸造用硅砂》规定，铸造用硅砂的分级情况以及牌号表示方法如下。

1）按 SiO_2 含量分级

铸造用硅砂按 SiO_2 含量的分级如表 4.17 所示。铸造用硅砂以 SiO_2 的含量作为主要的验收依据。

表 4.17   铸造用硅砂按 SiO₂ 含量的分级

代号	SiO₂含量/%	杂质含量/%			
		Al₂O₃	Fe₂O₃	CaO+MgO	K₂O+Na₂O
98	≥98	<1.0	<0.20	<0.20	—
96	≥96	<3.0	<0.20	<0.30	<1.5
93	≥93	<4.0	<0.40	<0.50	<3.0
90	≥90	<6.0	<0.50	<0.80	<4.0
85	≥85	<8.0	<0.60	<1.00	<4.5
80	≥80	<10.0	<1.50	<2.00	<8.0

2）按含泥量分级

硅砂中直径小于 0.02 mm 的颗粒的质量占砂样总质量的百分数叫作含泥量。硅砂按含泥量的分级如表 4.18 所示。

表 4.18   硅砂按含泥量的分级

代号	最大含泥量/%
0.2	0.2
0.3	0.3
0.5	0.5
1.0	1.0

硅矿相关概念解释如下。

（1）细粉含量：是指铸造用硅砂中粒径大于或等于 0.020 mm，以及小于 0.075 mm 颗粒的质量占砂样总质量的百分比。

（2）粒度：铸造用硅砂的粒度采用铸造用试验筛进行分析，其筛号与筛孔的尺寸应符合表 4.15 的规定。粒度的表示方法可以用平均细度，也可用筛号。

（3）含水量：袋装烘干硅砂水的质量分数不大于 0.3%。

（4）酸耗值：使用化学黏结剂时，铸造用硅砂的酸耗值不大于 5.0 mL。

铸造用硅砂颗粒形状按角形因数的分级，如表 4.19 所示。

表 4.19   铸造用硅砂颗粒形状按角形因数的分级

形状	圆形	椭圆形	钝角形	方角形	尖角形
代号	○	○-□	□	□-△	△
角形因数	≤1.15	≤1.30	≤1.45	≤1.63	>1.63

6. 牌号

铸造用硅砂的牌号表示方法如下：

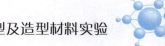

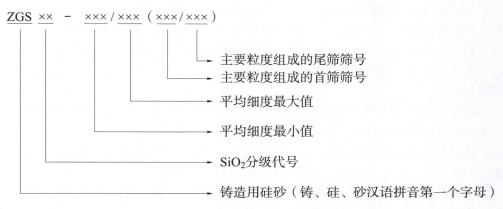

- 主要粒度组成的尾筛筛号
- 主要粒度组成的首筛筛号
- 平均细度最大值
- 平均细度最小值
- SiO₂分级代号
- 铸造用硅砂（铸、硅、砂汉语拼音第一个字母）

例如：ZGS90-50/58（50/100），表示该牌号硅砂的最小 SiO_2 含量为90%；粒度的平均细度最小值为50，最大值为58；主要粒度组成为三筛，其首筛筛号为50，尾筛筛号为100。

4.5.2 实验项目：硅砂性能的测定及形貌的宏观观察

微课视频 硅砂性能
的测定及形貌的
宏观观察

1. 实验目的

（1）了解硅砂各基本性能的意义。

（2）掌握硅砂各基本性能的测定原理。

（3）掌握硅砂性能测定的方法，从而在生产中正确地选用硅砂。

2. 实验内容及原理

在铸造行业中，常用颗粒直径的大小来区分砂和泥，颗粒直径大于 0.02 mm 称为砂，小于 0.02 mm 称为泥。在铸造中，硅砂的含泥量对型砂的强度、透气性、流动性和耐火度有很大的影响，这是由于硅砂中所含的泥成分较为复杂，虽具有一定的黏结性，但其性能与配制型砂所用的黏结剂差很多；同时，泥常呈薄膜状包覆在砂粒的表面上，配制型砂时，其含量不宜控制。硅砂中含泥量越多，所配制型砂的强度就越低，因此必须严格控制硅砂中含泥量。

硅砂的颗粒组成包括硅砂颗粒的粒度、粒度分布、颗粒形状及其表面性状等。颗粒粗、分布集中的硅砂制备的型砂透气性好，粗砂的耐火度较细砂高，圆形砂表面积最小，因而配制型砂时所需黏结剂用量最少。硅砂表面是否存在裂纹、是否黏附杂质，均在型砂的配制时，影响黏结剂在砂粒表面的附着力。总之，硅砂的颗粒组成影响型砂性能，继而影响铸件表面粗糙度和夹砂等缺陷的产生。

3. 实验材料和设备

（1）实验材料：硅砂、1%NaOH 水溶液。

（2）实验设备：天平（感量为1/10 g）、快速洗砂机 SXW 锅铣式混砂机、洗砂杯和虹吸管、漏斗、SGH 双盘红外线烘干器、铸造用标准筛、SSZ 震动摆式筛砂机、双目立体显微镜。

4. 实验方法和步骤

1）测定硅砂的含泥量

（1）称取烘干后的砂子50.0 g 置于洗砂杯中，然后加 285 ml 水及浓度为 1% 的 NaOH 溶液 15 ml，将洗砂杯放在快速洗砂机上，升高托盘使搅拌器完全伸入杯内，并将托盘紧固防止水溅出，开动搅拌器，以 400 r/min 的速度搅拌 15 min，关上电源停止搅动。

（2）取下洗砂杯仔细冲洗杯壁和搅拌轴上的泥砂，然后注入清水，使水面高度为 150 mm，静止 10 min，用虹吸管吸出上部 125 mm 的浑水。注意：不要将距杯底 25 mm 高度以内的砂子吸去。

（3）在洗砂杯内加入清水到规定高度，并用玻璃棒搅拌 5 min，用虹吸管将浑水排出。这样反复几次，直到水清为止，静止时间从第三次开始应为 5 min。

（4）将剩下砂和水倒入有滤纸的玻璃漏斗中进行过滤。然后将砂和滤纸一同放到烘干器的盘中，打开红外线开关烘 15～20 min，温度为 105～200 ℃。

（5）冷却后称砂子的质量（准确到 0.1 g），并按式（4.9）计算出含泥量。

$$Q = \frac{G_1 - G_2}{G_1} \times 100 = (50 - G_2) \times 2 \tag{4.9}$$

式中，Q——含泥量（%）；

G_1——称取原砂试样质量（g）；

G_2——洗涤后烘干试样质量（g）。

2）测定硅砂颗粒组成

（1）把经过含泥量测定的原砂，放到筛砂机最上面的一个筛上，将装有试样的全套筛子固定在筛砂机上筛分，筛分时间为 10 min。

（2）筛分后将每个筛子及底盘上所遗留下来的砂粒倒在光滑的纸上，并分别装在和筛号相同的平器中，用软刷子仔细清理筛底上的砂粒，切不可用玻璃棒或手指来清理网上砂粒，以免将筛网碰破。

（3）用天平称量每个筛号上砂粒的质量，分别记录于表 4.20 中，并将克数乘 2 即为本筛号上的颗粒数量的百分比。

表 4.20　砂粒质量的颗粒数量百分比

沙粒分布	筛											底盘	含泥量	总量
	6	12	20	30	40	50	70	100	140	200	270			
砂粒质量/g														
颗粒数量百分比/%														

注：将每个筛子上及底盘上的砂粒残留量和含泥量相比，其质量不得超过 50.0±1.0 g，否则应重新进行。

3）硅砂颗粒形状与表面状况的评定

硅砂的颗粒形状分为圆形、多角形和三角形 3 种，表面状况包括砂粒的颜色，透明度，是否存在裂纹以及粗糙程度，是否存在其他杂物。本实验采用双目立体显微镜进行原砂颗粒形状和表面状况的评定，方法如下。

（1）将洗净筛分后的原砂主要部分（3 个相邻筛号最多的砂子）混合均匀，取少量放在双目立体显微镜的工作盘上。

（2）确定放大倍数（不大于 60 倍），选择目镜，然后取下防尘罩，安上目镜，在目镜上安眼罩，再拧动刻度盘手轮选择合适物镜。

（3）拧松紧固螺钉，提起主体，使物镜与工作盘相距约 100 mm，然后拧紧紧固螺钉，缓慢转动调焦手轮，调整焦距直到以左眼看清物像为止，再拧动视度圈，使之与右眼同时看清物像为止，并将观察到的情况记录下来。

5. 实验分组

每 6 人为 1 组，进行实验并总结数据。

6. 实验报告

（1）完成过程记录单中所要求的实验。

（2）用双目立体显微镜观察、拍照后打印照片，粘贴于实验记录单中。

7. 课后作业

（1）陈述在测定含泥量时，加入 NaOH 溶液的作用。

（2）测定硅砂含泥量时，为了提高效率，若采取再次向洗砂杯中加入半杯水，静止后吸出浑水的方法，是否可行？

4.6　型砂的制备及综合性能的检验与分析

4.6.1　概述

黏土型砂主要由原砂、黏土（湿型砂为膨润土，干型砂以普通黏土为主）、附加物（煤粉、淀粉等）和水组成。

造型过程中，型砂在外力作用下成型并达到一定的紧实度而成为砂型。图 4.9 是紧实后的型砂结构。它是由原砂和黏结剂组成的一种具有一定强度的微孔-多孔隙体系，或叫毛细管多孔体系。湿型砂中原砂是骨干材料，占型砂总量的 85% ~90%；黏结剂起黏结砂粒的作用，以黏结膜形式包覆砂粒，使型砂具有必要的强度和韧性；附加物是为了改善型砂所需要的性能而加入的物质。

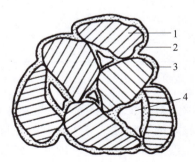

1—原砂砂粒；2、3—水、黏土及其他附加物；4—微孔（孔隙）。

图 4.9　紧实后的型砂结构

1. 配比

铸铁件用的湿型砂配比习惯将旧砂和新砂之和作为 100%（质量分数），膨润土、煤粉和其他附加物在 100% 之外。之所以这样，是因为在实际生产中每次旧砂与新砂的加入量基本保持不变，而黏土、煤粉等附加物的加入量需要根据型砂性能的要求和变化随时调整，如果将旧砂、新砂、各种附加物、水一起算作100%，则一旦调整其中的某一种材料的加入量，那么各种材料的质量分数就必须重新计算，而且新、旧砂的质量分数会出现小数点以后的数字，计算和控制都十分麻烦。

在铸钢件用的湿型砂中，新砂所占比例较大，膨润土加入量也相应增多。为提高型砂性能，常加入少量有机水溶性黏结剂（如糊精、α淀粉）等附加物。

为了保证非铁合金（Cu合金、Al合金、Mg合金）铸件表面光洁、美观和尺寸精确，原砂粒度一般较细，以满足铸件表面粗糙度的要求；型砂含水量较低，以减少型砂的发气量和提高流动性。Cu合金铸件的湿型砂中常加入少量废全损耗系统用油（废油）以提高铸件的表面质量。在Mg合金铸件的湿型砂中，还需加入保护剂，如硫磺粉、硼酸等，以防止镁液氧化。

部分湿型砂的配比、性能及用途如表4.21所示（表中湿型砂性能的取样大多是来自混砂机旁，而不是造型处）。需要说明的是，这些配方分别是根据各个的具体条件制订的，包括原材料来源及性能、造型方法、铸件材质及大小、壁厚、生产习惯、检测仪器等许多因素。

表 4.21　部分湿型砂的配比、性能及用途

序号	配比（质量比）/%							性能			用途
	旧砂	新砂		膨润土	碳酸钠	糊精	其他	透气性	湿压强度/kPa	紧实率/%	
		粒度（筛号）	加入量								
1	50	70/140	50	3	0.4	—	—	≥100	≥50	—	机器造型单一砂
2	—	100/200	100	9~11	0.2	0.2~0.4	—	100~200	56~77	—	小型铸钢件
3	—	70/140	100	7.5	—	—	—	>100	50~75	—	<100 kg 碳钢件
4	—	70/140	100	4.5	—	—	煤粉2~4	>80	50~70	—	<100 kg 耐热钢件

2. 型砂的性能要求

生产中为了获得优质的铸件和良好的技术经济效果，要求型（芯）砂应具备以下性能。

（1）良好的成型性，包括良好的流动性、可塑性、韧性和不黏模性。

（2）足够的强度，包括常温湿强度、干强度、硬度及高温强度。

（3）一定的透气性，较小的吸湿性，较低的发气量。

（4）较高的耐火度，较好的热化学稳定性，较小的膨胀率与收缩率。

（5）较好的退让性、溃散性和耐用性。

除了技术上的要求，还应该考虑到材料的来源和成本、工业卫生及环保方面的要求。显然，任何一种型（芯）砂要同时兼备各种优良性能几乎是不可能的。因此，必须从生产实际出发，合理地选择原材料、正确地确定型（芯）砂配比和性能，认真地制订和执行工艺

规程，以满足生产的需要，取得最好的效果。

4.6.2　实验项目：型砂的制备及综合性能的检验与分析

1. 实验目的

微课视频 型砂的制备及
综合性能的检验与分析

（1）掌握型砂基本性能的概念、测定原理和方法。

（2）掌握常温状态下型砂实验仪器的使用方法。

（3）掌握黏土型砂的混制工艺和性能规律。

（4）比较黏土型砂和活化膨润土型砂的性能。

2. 实验内容及原理

型砂作为铸造过程中的重要材料，其性能直接影响铸件的质量和精度。紧实率、透气性、强度、流动性和韧性（破碎指数）是型砂性能的关键指标，这些性能的优劣直接决定了铸件成型的稳定性和铸件质量的可靠性。

紧实率反映了型砂在受到外力作用时的可紧实程度，它决定了铸型的密实性和铸件的精度。透气性是型砂在浇注过程中气体排出的能力，影响铸件内部缺陷的形成。型砂强度则是型砂抵抗外力破坏的能力，直接关系到铸件在成型和冷却过程中的稳定性。流动性决定了型砂颗粒在受到外力作用时的运动能力，影响铸型的均匀性和紧实度。型砂韧性（破碎指数）则反映了型砂在破碎过程中的颗粒大小分布，对铸件表面的粗糙度和精度有重要影响。

本实验将通过制备型砂样品，并利用相关仪器对这些性能进行测定，旨在全面评估型砂的综合性能，并为实际铸造生产提供理论依据和优化方向。

3. 实验材料和设备

（1）实验材料：硅砂（水洗砂）、膨润土、黏土、碳酸钠、水。

（2）实验设备：电子天平、辗轮式混砂机、冲样器和圆柱形试样筒、STZ 直读型透气性测定仪、杠杆式强度试验仪、钢板尺。

4. 实验方法和步骤

1）混制工艺

原砂+黏土（膨润土）干混 2 min、加水混 5 min 出砂，用塑料带装好，放置 10~15 min 后使用。型砂配方如表 4.22 所示。

表 4.22　型砂配方

型砂	配方
黏土砂	大林水洗砂 3 000 g（100%）；普通黏土 5%；含水量 3%、4%、5%
膨润土砂	大林水洗砂 3 000 g（100%）；膨润土 4%；含水量 3%、4%、5%
活化膨润土砂	大林水洗砂 3 000 g（100%）；膨润土 4%，碳酸钠为所用膨润土质量的 5%；含水量 2%、3%、4%、5%

2）紧实率的测定

（1）使型砂通过筛网（筛孔直径为 3 mm）落入试样筒中，如图 4.10 所示。

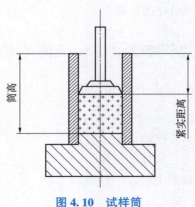

图 4.10　试样筒

（2）刮去多余的砂子，用冲样器锤击 3 次可直接读出数据。也可以用式（4.10）计算。

$$紧实率 = \frac{紧实距离}{筒高} \times 100\% \qquad (4.10)$$

每种型砂做 3 次取平均值。

3）透气性的测定

称型砂 160~165 g，倒入圆柱试样筒内，用冲样器锤击 3 次，使顶杆线在规定的公差刻度线，则试样为 $\phi50$ mm×50 mm，若高度与标准不符，则应重新制样。

透气性是在 STZ 直读型透气性测定仪上进行的，先将试样筒（筒内有试样）紧套在皮圈上，然后将转换阀切换至吸气，提起钟罩，对好标准刻度线，此时将转换阀切换至测量，并放下钟罩，即可读出透气性数值。

4）型砂强度的测定

型砂强度是在杠杆式强度试验仪上进行测定的，其方法是将测过透气性的试样用顶样器从试样筒中顶出，将试样放到夹具上，然后用手转动手轮加力，直到将试样压溃为止，读出数值即是型砂强度。测定 3 个试样取平均值。

5）流动性试验（测孔法）

在试样筒中侧面开有一个小孔，先用柱塞堵住小孔，称量 185 g 型砂，置于试样筒内，放到冲样器上，拔去塞子锤击 10 次。用顶样器将试样顶出。将留在孔中的砂子刮下同被挤出的砂粒一起进行称量。用被挤出的砂粒质量（g）与砂样质量的比值，作为流动性指标。小孔漏出的砂粒越多，说明流动性越好。

6）型砂韧性的测定

型砂韧性（破碎指数）是指型砂抵抗破坏的性能之一，本实验用型砂韧性测定仪进行测定，如图 4.11 所示。

步骤如下：

（1）将 $\phi50$ mm×50 mm 的标准试样放在铁砧上。

（2）使 $\phi50$ mm（510 g）的硬质钢球自距铁砧上方 1 m 高处自由落下，直接打在标准试样上。

（3）试样破碎后，大块型砂留在筛网上（筛孔为 3/8），碎的漏过筛网，然后称量筛上的砂粒质量。按式（4.11）计算。

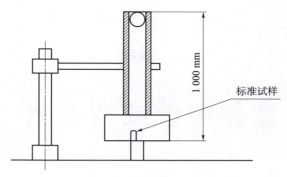

图 4.11 型砂韧性测定仪

$$破碎指数 = \frac{停留在筛上的砂块重}{试样重} \times 100\% \qquad (4.11)$$

破碎指数越高，表示型砂的韧性越好，而流动性越差。每种型砂测定 3 个试样，取平均值。

5. 实验分组

每 6 人为 1 组，进行实验并总结数据。

6. 实验报告

（1）完成型砂的混制，并记录所用材料配比。

（2）完成紧实率、透气性、强度、流动性及破碎指数的测定，并作好记录。

7. 课后作业

（1）试分析型砂性能对铸件质量的影响。

（2）陈述型砂透气性与紧实率之间的关系。

第 5 章　金属塑性成型实验

5.1　金属塑性变形时的摩擦系数测定

5.1.1　概述

金属塑性变形过程中的摩擦非常复杂，目前关于摩擦机理主要有以下 3 种学说。

（1）表面凹凸学说：摩擦是由接触面上凹凸形状引起的。当两个相互接触的表面在外力的作用下发生相对运动时，相互啮合的凸峰被切断或者发生剪切变形，此时的摩擦力表现为这些被切断或产生剪切变形的阻力。如果接触表面越粗糙，相对运动时的摩擦力就越大，减小表面粗糙度值或者涂抹润滑剂可以减小摩擦。

（2）原子吸附学说：摩擦是接触面上原子相互吸引的结果。两接触面越光滑，接触面积越大，原子吸引力越强，则摩擦力越大。

（3）黏附理论：摩擦是接触面上黏结或者焊合的结果。如果两接触面上某些接触点处压力很大，容易导致黏结或者焊合。

影响摩擦系数 μ 的主要因素如下。

（1）金属的种类和化学成分。黏附性较强的金属通常具有较大的摩擦系数，如 Al、Zn、Pb 等。一般，材料的硬度强度越高，摩擦系数就越小。

（2）工具表面状态。工具表面越光滑，机械啮合效应越弱，摩擦系数越小，但是如果工具表面非常光滑，容易发生原子吸附作用，导致摩擦系数增加。

（3）变形温度。变形温度对摩擦系数的影响比较复杂，开始时摩擦系数随温度升高而增加，达到最大值后又随温度升高而降低。

（4）变形速度。摩擦系数随变形速度增加而有所下降。

（5）接触面上的单位压力。当单位压力较小时，表面原子吸附作用不明显，摩擦系数保持不变，与正压力无关。当单位压力增加到一定数值后，接触面上的氧化膜被破坏，润滑剂被挤掉，导致摩擦系数随单位压力的增加而增加，但上升到一定程度后就趋于稳定。

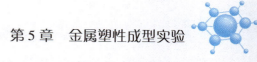

　　金属变形过程中，摩擦的存在导致变形抗力增大，变形能耗增加，工模具磨损加剧，同时工件发生不均匀变形，变形后工件表面质量下降。因此，测定金属变形过程的摩擦系数对于分析和了解变形过程具有十分重要的作用。常用的摩擦系数测定方法是圆环压缩法。

　　圆环压缩法是利用一定尺寸的圆环状试样，根据在不同摩擦状态下压缩时内、外径的不同变化来测摩擦系数。把一定尺寸的圆环状试样放在平模具上压缩，由于试样与模具表面摩擦不同，压缩后试样内孔直径会扩大或者缩小，根据实测的圆环内径和高度尺寸，再利用标定曲线查出接触面的摩擦系数。但圆环压缩法会出现鼓形和环孔不圆的现象，造成测量上的误差，影响结果的精确性。在试验时要尽量保证各方向均匀摩擦，且压缩量小于50%。

　　如果接触面上不存在摩擦，及摩擦系数为零，则圆环的内、外径均扩大，与实心圆柱体压缩时出现的情况类似——金属质点全向外周流动，圆心就是分流点，如图5.1（a）所示。随接触面上摩擦增大，内外径的扩大量减小，分流点外移，分流半径增大，如图5.1（b）所示。当摩擦系数增大到一定的数值后，圆环内径不但不增大，反而减小，分流半径介于内、外径之间，如图5.1（c）所示。

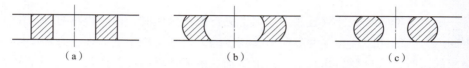

　　（a）　　　　　　　　　　（b）　　　　　　　　　　（c）

图 5.1　压缩圆环试样时不同摩擦条件对圆环变形的影响

（a）$\mu=0$；（b）μ 较小；（c）μ 较大

　　对于一定尺寸的圆环而言，分流半径大小仅与摩擦系数有关，而且由它反映出圆环内、外径的变化比较显著，一般以圆环压缩时的内径变化作为分流半径的当量来考虑。

　　圆环压缩法的关键在于建立摩擦系数与圆环压缩时内径变化的关系曲线，常称为测定摩擦系数的标定曲线。图5.2（a）、（b）分别示出了库仑摩擦中常摩擦系数条件下和黏着摩擦中常摩擦应力条件下的标定曲线。

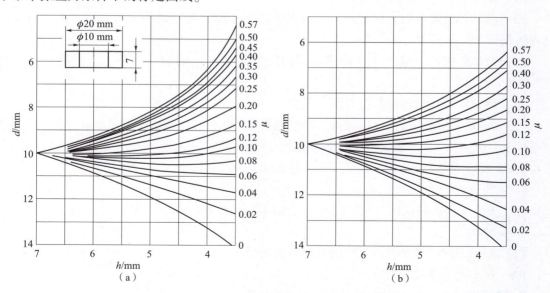

图 5.2　压缩圆环试样时测定摩擦系数标定曲线

（a）库仑摩擦中常摩擦系数条件；（b）黏着摩擦中常摩擦应力条件

5.1.2 实验项目：金属塑性变形时的摩擦系数测定

1. 实验目的

（1）分析摩擦对金属塑性变形过程及金属流动的影响规律。

（2）了解利用圆环压缩法测定摩擦系数的基本原理。

（3）学会利用圆环压缩法测定摩擦系数。

（4）熟悉利用有限元分析软件分析零件受力分布。

2. 实验内容及原理

影响摩擦系数的主要因素有金属的种类和化学成分、工具表面粗糙度、接触面上的单位压力、变形温度、变形速度等，对于一定尺寸的圆环而言，分流半径大小仅与摩擦系数有关，而且由它反映出圆环内、外径的变化比较显著，一般以圆环镦粗时的内径变化作为分流半径的当量来考虑。

当将一定尺寸的圆环试样放置在平模具上进行镦粗操作时，由于模具对圆环试样施加了垂直向下的压力，因此圆环在厚度方向上受到压缩。根据体积不变原理，圆环试样在厚度方向上被镦粗的同时，其材料会在水平方向上流动。由于圆环试样与模具表面存在摩擦，这个摩擦会对材料的流动产生影响，因此圆环试样在镦粗后的形状会发生不同的变化。通过实测镦粗后圆环的内径和高度尺寸，结合标定曲线查出相应的接触面的摩擦系数。

3. 实验材料及设备

（1）实验材料：金属试样，尺寸为外径 $\phi20$ mm，内径 $\phi10$ mm，高 7 mm。

（2）实验设备：四柱液压机或万能试验机、游标卡尺等。

4. 实验方法及步骤

（1）试样准备，调试压力机。

（2）将试样放置在压力机垫板上，如果进行热压缩，则对试样进行加热，并注意实验过程的保温。

（3）对试样进行压缩，可以设计不同的压下量或不同的润滑条件，最大压下量控制在 50%。

（4）测定压缩后试样的高度和内径数值。

（5）先选择压缩变形的摩擦条件，再根据测量结果，在图 5.2 中确定坐标位置，读出摩擦系数值。例如，当圆环状试样压缩至 5 mm 时，若测得圆环内径 9 mm，则从图 5.2（a）中求得 $\mu=0.30$，而从图 5.2（b）中，则求得 $\mu=0.40$。

5. 实验分组

每 3 人为 1 组。根据压下量和润滑条件不同进行实验。

6. 实验报告

（1）根据不同的变形条件，绘制摩擦系数的变化曲线。

（2）对实验结果进行理论分析。

7. 课后作业

分析不同摩擦条件对圆环变形分布的影响。

5.2　利用网格法制作变形分布曲线

5.2.1　概述

　　网格法是研究塑性变形状态较简单的方法，优点如下：可以给出整个变形场的概念；可以观察塑性变形和破坏过程的变化情况（在不同变形阶段停止试验或者通过录制记录试验过程）。

　　早在 1914 年，便有研究者用网格法研究了铸铁拉伸和弯曲塑性变形的不均匀，随后网格法在金属压力加工领域得到了广泛的应用。

　　目前，网格法多应用于绘制成型极限图，实际应用的成型极限图通常用刚性半球形凸模胀形试验来制作。试验前，在薄板试样表面预先印制一定形式的密集网格，如图 5.3 所示。采用圆形网格，便于根据变形后椭圆的长、短轴来确定主应变的大小和方向。小圆的直径依试样的尺寸大小而定，模拟实验时一般取 $\phi 2$ mm 或 $\phi 2.5$ mm，而生产中常用 $\phi 5$ mm。其中，对于测量不包含细颈（局部变薄）的椭圆的应变，采用图 5.3（a）所示的形式最方便，且可根据变形后方格线条的形状，判断材料的流动方向；图 5.3（c）所示的邻近圆形式与图 5.3（a）相比，可减少应变梯度的误差，但线条重叠，测量结果反而不易精确；图 5.3（b）和图 5.3（d）为叠合圆形式，它能增加裂纹通过网格中心的机会，对测量裂纹处的应变值有利。

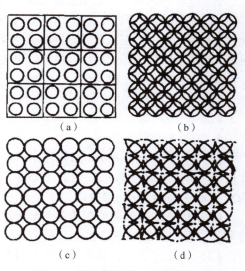

（a）　　　　　　　　　（b）

（c）　　　　　　　　　（d）

图 5.3　圆形网格的 4 种基本形式

5.2.2　实验项目：利用网格法制作变形分布曲线

**微课视频 利用网格法
制作变形分布曲线**

1. 实验目的

（1）学习研究变形分布的网格法。

（2）观察变形不均匀分布的现象。

2. 实验内容及原理

　　网格法画格方式很多，众多文献资料给出的格子形状基本为两种形式，格线和圆形。其实质均为研究金属变形时的应变状态。

　　本实验采用的网格形式为格线式，即变形前在试样的某一面画上 3~5 mm 的网格，然后对试样进行变形，变形完毕根据变化的网格进行必要的测量计算，即可得出试样某个方向上变形分布的图形。

　　如图 5.4 所示，格线网格的形式主要有两种。

　　（1）切向网格：格线相互垂直，并沿着最大剪应力方向分布。

　　（2）法向网格：格线互相垂直，但沿着最大（主）应力方向分布。

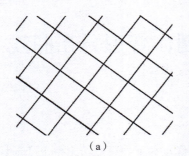
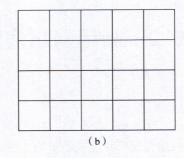

（a）　　　　　　　　　　　　　　　　（b）

图 5.4　格线网格的主要形式

（a）切向网格；（b）法向网格

选用哪一种网格形式，主要根据试样的应力状态和提出的研究目标而定。通常情况下，选用法向网格占比较大。其实，在平面应变状态时利用切向网格有更大的优点：一方面，避免了由于塑性变形时表面的歪扭而造成测量上误差增大的缺点；另一方面，可以追踪考察变形过程中格线对最大剪应力方向的偏离过程。最大剪切区域可以很容易地根据原来格子单元的直角变化确定。

3. 实验材料和设备

（1）实验材料：$\phi 40$ mm×8 mm 圆柱体铅试样。

（2）实验设备：300 kN 万能试验机、压缩模具、游标卡尺和钢尺等。

4. 实验方法和步骤

（1）取 $\phi 40$ mm×8 mm 圆柱体铅试样 5 个，将其叠在一起，进行必要的修整，使每个试样尺寸一致。在组合件的径向作中心线，并将试样由上而下编号。在每个试样表面的 1/4 面积上，画 3 mm×3 mm 的网格。

（2）每个试样的网格都准备好以后，重新将 5 个铅试样按原样叠好，尽可能使测线保持笔直，并将其置于试验机上进行一定变形程度的压缩。

（3）压缩完成后，从外观上对整体试样进行观察分析，并画出变形后示意图。

（4）观察上、下两接触面的滑动情况。

（5）将试样各层分开，测定每层同一轴向上相应点变形后的高度（厚度），并记录于表 5.1 中。

（6）进行各点高向变形计算，并作出高向上各层的轴向变形分布图。

（7）最后对实验结果进行分析讨论，并编写实验报告。

表 5.1　实验数据表

层数	高向变形 $\varepsilon_h = (h - \Delta h)/h$														
	第一格			第二格			第三格			第四格			第五格		
	原始高度 h/mm	高度差 Δh/mm	变形量 ε_1/%	原始高度 h/mm	高度差 Δh/mm	变形量 ε_1/%	原始高度 h/mm	高度差 Δh/mm	变形量 ε_1/%	原始高度 h/mm	高度差 Δh/mm	变形量 ε_1/%	原始高度 h/mm	高度差 Δh/mm	变形量 ε_1/%
1															
2															
3															
4															
5															

5. 实验分组

每 6 人为 1 组，进行实验并总结数据。

6. 实验报告

（1）完成原始数据测量及变形后数据测量。

（2）完成计算并总结数据。

7. 课后作业

变形及应力分布不均匀所引起的后果有哪些？

5.3　模具结构认知与虚拟拆装

5.3.1　概述

　　冲压是利用安装在压力机上的冲模对材料施加压力，使其产生分离或塑性变形，从而获得所需零件的一种压力加工方法。冲模模具是将材料加工成所需冲件的一种工艺装备。采用模具生产零件可获得很高的生产率和零件精度，且互换性好，生产成本低。因此，模具在汽车、飞机、仪表、电子和家电产品等领域得到广泛的应用。

　　冲模主要零部件的分类如表 5.2 所示。

表 5.2　冲模主要零部件的分类

类型	部件	定义	所含零件
工艺构件	工作部件	直接进行冲裁分离工件的部件	凸模
			凹模
			凹凸模
	定位部件	能保证条料在送进和冲裁时在模具上有正确位置的部件	定位板定位销
			挡料销
			导正销
			导尺、侧刃
	压料、卸料及出件部件	在冲压工序完毕后将制件和废料排除，以保证下一次冲压工序顺利进行的部件	卸料板
			推件装
			推件装置
			压边圈
			弹簧、橡胶垫
辅助构件	导向部件	保证模具各相对运动部位具有正确位置及良好运动状态的部件	导柱
			导套
			导板
			导筒

续表

类型	部件	定义	所含零件
辅助构件	固定部件	固定凸模和凹模，并与冲床滑块和滑块工作台相连接的部件	上下模座
			模柄
			凹凸模固定板
			垫板
			限位器
	紧固及其他部件	在装配模具时，为了保证零件间相互位置的正确，把相关联的零件固定或连接起来的部件	螺钉、销钉
			键
			其他

冲模的分类方法很多，用得较多的是按工序的组合分类。冲模按工序的组合分为单工序冲裁模、复合冲裁模、级进冲裁模。

（1）单工序冲裁模：压力机在一次冲压行程内只完成一种冲压工序。其典型结构如图 5.5 所示，特点是结构简单，精度较低。

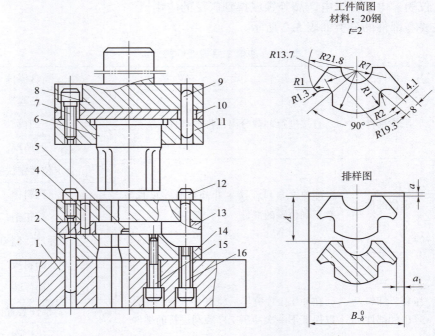

1—下模座；2、4、9—销；3—导板；5—挡料钉；6—凸模；8—上模座；
10—垫板；11—凸模固定板；7、12、15、16—螺钉；13—导料板；14—凹模。

图 5.5　单工序冲裁模的典型结构

（2）复合冲裁模：压力机的一次工作行程，在模具的同一工位同时完成数道冲压工序。其基本结构如图 5.6 所示，典型结构如图 5.7 所示，特点是结构复杂，精度很高。

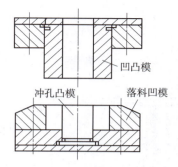

图 5.6　复合冲裁模的基本结构

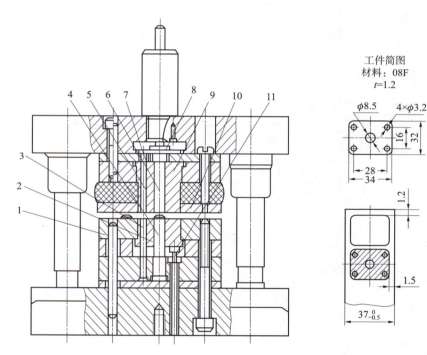

工件简图
材料：08F
$t=1.2$

1—落料凹模；2—顶板；3、4—冲孔凸模；5、6—推杆；7—打板；8—打杆；
9—凸凹模；10—弹压卸料板；11—顶杆。

图 5.7　复合冲裁模的典型结构

　　（3）级进冲裁模：压力机在一次行程中同时在模具几个不同的位置上完成多道冲压工序。其典型结构如图 5.8 所示，特点是结构较复杂，精度较高，主要用于尺寸较小、形状复杂的冲压件生产。

5.3.2　实验项目：模具结构认知与虚拟拆装

1. 实验目的

（1）熟悉典型模具的结构特点、工作原理及拆装工艺过程。

（2）了解模具上主要零件的功用、相互间的装配关系及加工要求。

（3）掌握模具在压力机中的安装与调整方法。

微课视频 模具结构
认知与虚拟拆装

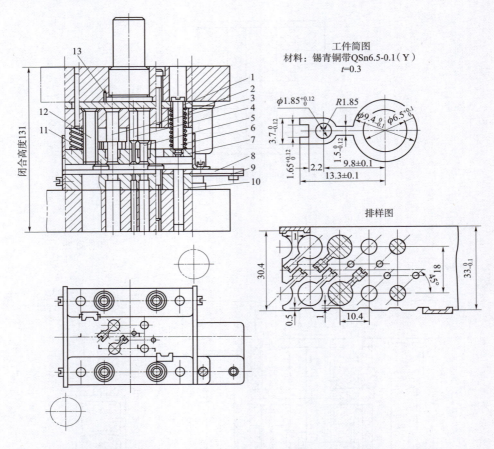

1—垫板；2—固定版；3—落料凸模；4、5—冲孔凸模；6—卸料螺钉；7—卸料板；
8—导料板；9—承料板；10—凹模；11—弹簧；12—成型侧刃；13—防转销。

图 5.8 级进冲裁模的典型结构

2. 实验内容及原理

冲压是靠压力机和模具对板材、带材、管材和型材等施加外力，使之产生塑性变形或分离，从而获得所需形状和尺寸的工件（冲压件）的成型加工方法。在冲压过程中，模具的凸模和凹模直接接触被加工材料并相互作用，使其产生塑性变型从而形成预期的工件形状。冲压工艺的实施离不开压力机和冲模模具，掌握模具上主要零件的功用、相互间的装配关系及加工要求，并掌握模具在压力机中的安装与调整方法是相当必要的。

3. 实验材料及设备

（1）实验材料：试冲坯料。

（2）实验设备：单工序冲裁模、复合冲裁模、级进冲裁模、游标卡尺、直尺、扳手、螺丝刀、内六角扳手、手锤、铜棒、40 t 曲柄压力机等。

4. 实验方法及步骤

1）模具拆装

（1）对准备好的 3 种模具进行仔细观察，判断其各零件的功用及相互关系。

（2）将模具按上下两大部分拆开、观察，了解模具中可见部分零件的名称、作用。初步了解该模具所完成的冲压工序的名称、数量、顺序及其坯料与工件的大致形状。

（3）要求与固定方法：定位部分的零件的名称、结构形式和定位特点；卸料、压料部分的零件名称、结构形状，动作原理及安装方式；导向部分的零件名称、结构形式与加工要求；固定零件的名称、结构及所起作用；标准紧固件及其他零件的名称、数量和作用。在拆卸过程中，要记清各零件在模具中的位置及连接关系，以便重新装配。

（4）把已拆开的模具零件按上、下两大部分依照一定的顺序还原。

（5）画出该模具的装配草图，注明所有零件的名称、数量等。

注意：在拆装过程中，不要损坏模具零件；冲裁模的凹凸模刃口在重新装配前，各零件要擦拭干净。

2）模具的安装与调试

（1）测量冲模的主要安装尺寸，选定适用的冲床类型与规格。

（2）检查设备与模具能否正常工作。

（3）将连杆调至最短的位置。

（4）将上下模闭合，推至压力机工作台中心，使模柄对准滑块中心的模柄孔。

（5）用手搬动飞轮，使滑块至下死点，然后调整连杆长度，使滑块底面与模具上平面接触，并用压板等紧固件固定好上、下模。

（6）小心地使压力机寸动，注意模具有无障碍（尤其要注意下死点附近），用手搬动飞轮，用厚纸试冲一次，检查模具间隙等是否合理。

（7）开动空车 2~3 次，仍无异常，即可完全锁紧连杆，送入坯料试冲。

5. 实验分组

每人为 1 组。根据给定冲压模具进行拆装实验。

6. 实验报告

（1）写出实验目的、原理、内容与步骤、实验结果等。

（2）画出冲模的结构简图，并注明各零件的名称，参考图 5.9 完成。

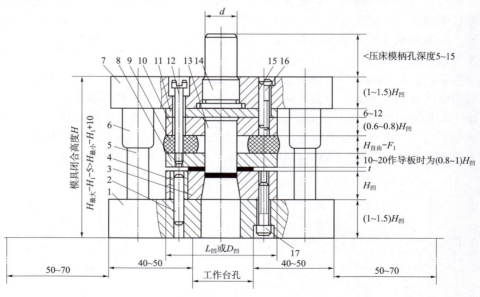

1—下模座；2、15—销钉；3—凹模；4—套；5—导柱；6—导套；7—上模座；8—卸料板；9—橡胶；
10—凸模固定板；11—垫板；12—卸料螺钉；13—凸模；14—模柄；16、17—螺钉。

图 5.9 冲模典型结构与模具总体设计尺寸关系

（3）简述模具的工作原理及各主要零件的作用。

（4）简要说明模具拆卸、装配、安装和调整的方法、步骤及注意事项。

7. 课后作业

简要叙述冷冲压模具的基本结构和运动过程。

5.4 冲裁间隙对冲裁件质量和冲裁力的影响

5.4.1 概述

1. 冲裁间隙的含义

冲裁间隙是指冲裁模具的凹模与凸模刃口在垂直于冲裁力方向上的投影尺寸之差。凹模孔的直径一般大于凸模横断面直径。单面间隙指凹模与凸模间单侧空隙的数值，用符号 $Z/2$ 表示；双面间隙指凹模与凸模间两侧空隙总和，用符号 C 表示。当凸、凹模为圆形刃口时，双面间隙就是两者直径之差。

2. 冲裁时板料的变形过程

与单向拉伸相似，冲裁时板料变形过程分为 3 个阶段，即由弹性变形过渡到塑性变形，最后产生断裂，板料发生分离，冲裁结束。冲裁的变形过程如图 5.10 所示。

第一阶段：弹性变形阶段。如图 5.10（a）所示，当凸模与材料表面接触后，它继续向下移动，并将材料压入凹模的开口。在凸模和凹模的压力影响下，材料的表面会受到挤压，从而导致弹性变形。由于凸模和凹模之间有一定的空隙，因此材料在受到压力时会出现压缩、拉伸和弯曲等变形。

第二阶段：塑性变形阶段。如图 5.10（b）所示，当凸模继续压入，材料所受应力超过弹性变形极限时，产生塑性变形。在发生塑性变形过程中，材料受剪应力变形、弯曲变形与拉伸变形。随着冲裁变形力不断增大，刃口附近的材料由于拉应力而逐渐出现微裂纹，这时冲裁变形力达到最大值。

第三阶段：断裂分离阶段。如图 5.10（c）所示，当冲裁变形力持续地施加于凹模时，凸模刃口附近的材料所承受的应力达到了破坏性应力，导致凹模和凸模刃口的侧面相继出现裂痕。由于模具刃口区域的静水压应力值相对较高，裂纹的起始位置并不是刃口本身，而是位于模具侧面与刃口非常接近的位置，并且在裂纹形成的过程中也会出现毛刺。当裂纹形成后，它会沿着最大的剪切应力方向向材料的内部扩散，最终导致材料的分离。

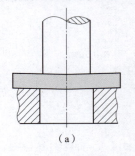
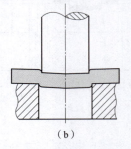
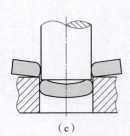

（a）　　　　　　　　　（b）　　　　　　　　　（c）

图 5.10　冲裁的变形过程

（a）弹性变形阶段；（b）塑性变形阶段；（c）断裂分离阶段

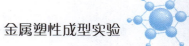

3. 冲裁间隙对冲裁的影响

冲裁间隙的大小、分布是否均匀等因素，均对冲裁件断面质量、尺寸精度、冲裁力和模具使用寿命等有直接影响。冲裁时凸、凹模之间冲裁间隙的大小可分 3 种基本情况，即过小、合理和过大。

1）对冲裁件断面质量的影响

在合理的冲裁间隙下，当材料在分离过程中，凸模和凹模的刃口出现裂纹重叠时，冲裁件的断面会变得相对平滑，同时塌角和毛刺也会减小，从而得到质量更高的成品。然而，合理的冲裁间隙不是一个绝对数值，而是一个特定的数值范围，在这个范围内，可以得到具有良好断面的冲裁件。当冲裁间隙过大时，凸模刃口和凹模刃口的裂纹不会重叠，凸模刃口附近的裂纹位于凹模刃口附近裂纹的内侧，材料会受到较大的拉伸力影响，导致其光亮带较小，毛刺、塌角和斜度较大。当冲裁间隙过小时，凸模刃口和凹模刃口的裂纹并不重叠。凸模刃口附近的裂纹位于凹模刃口附近裂纹的外部。随着冲裁过程的进行，材料在这两条裂纹之间的部分又会受到二次的剪切和挤压，从而在断面上形成第二次的光亮带，并伴随着夹层和毛刺的出现。

2）对尺寸精度的影响

在落料或者冲孔时，得到的制件由于弹性变形的恢复，尺寸精度会受到影响。当冲裁间隙过小时，由压缩变形引起的弹性变形局部恢复，得到的落料件将比凹模大，相应地，冲出来的孔比凸模小。当冲裁间隙过大时，由拉伸变形引起的弹性变形局部恢复，得到的落料件体积将比凹模小，相应地，冲出来的孔洞也比凸模大。

3）对冲裁力和模具使用寿命的影响

当冲裁间隙过大时，冲裁力小于冲裁间隙合理时的冲裁力，卸料力与推件力相应降低。冲裁过程中坯料向凸模和凹模的刃口施加侧压力，凸模和被冲孔间和凹模和落料件间都有摩擦力。冲裁间隙较小时，所产生侧压力及摩擦力较大。另外，由于模具的制造误差及装配精度误差等因素的影响，凸模不能与凹模平面绝对垂直，那么间隙的分布就不能做到绝对的均匀。因此，过小的间隙会增加凸、凹模的刃口磨损，从而降低模具的使用寿命。冲裁间隙大就会使凸模和凹模侧表面与物料之间产生摩擦力较小，减缓间隙不均匀所造成的不良影响，进而一定程度地提高模具的使用寿命。但是当冲裁间隙过大时，坯料弯曲随之增加，使得凸模和凹模刃口端面压应力分布不均，易造成崩刃或者塑性变形现象，同时降低了模具使用寿命。

4. 冲裁间隙方向的确定原则

冲裁时，因凸模和凹模之间存在空隙，切下的片材或冲孔部分都会有一定的锥度。这里的大端尺寸近似于凹模，而小端尺寸近似于凸模。因此，在测量时应以冲孔的小端尺寸或切下片材的大端尺寸为准。在生产过程中，凸模和凹模由于与冲孔件或废料的摩擦而逐渐磨损，造成凸模变小、凹模变大，进而使间隙增大。因此，在设定冲裁间隙时，应考虑到这些磨损因素：在落料过程中，由于片材尺寸受凹模影响，应通过减小凸模尺寸来调整间隙；而在冲孔过程中，由于孔径尺寸受凸模影响，应通过增大凹模尺寸来调整间隙。在设计和制造新的模具时，应考虑到模具磨损，选择最小且合理的冲裁间隙。

5. 材料对冲裁的影响

当材料具有良好的塑性时，冲裁过程中在凸、凹模附近形成的裂纹会相对较晚出现，这导致材料受到的剪切深度增加，从而使得到的断面具有更大的光亮面比例、更大的圆角、更大的弯曲、更窄的断裂面和更小的毛刺。对于那些塑性不佳的材料，它们的裂纹往往更早地出现，这导致材料受到的剪切深度相对较浅，因此得到的断面中，明亮的部分所占的比重较小，其圆角和弯曲都较小，断裂面则相对较宽。

6. 拉深和胀形工艺

板材的冲压成型性能，除了与冲裁有关，还与拉深和胀形有关。对金属板料冲压成型时，可对某些材料特性或工艺参数提出要求，如拉深性能指标、胀形性能指标。拉深系数是一个评估拉深变形程度的重要指标。拉深系数越小，意味着拉深直径越小，变形程度就越大，这会使得坯料被拉入凹模变得更加困难，从而更容易产生拉裂废品。通常，拉深系数 m 的值应不低于 0.5。对于塑性较差的坯料，应根据最大限度进行选择，而对于塑性较好的坯料则应按照最小限度进行选择。一定状态的材料在一定条件下进行拉深，都有一个最小拉深系数，此系数称为极限拉深系数，它是拉深工艺中一个很重要的参考指标。

1）拉深实验计算

最大试样直径 $D_{0\max}$ 的确定，一般而言，一组试样中，破裂和未破裂的个数相等时，$D_{0\max}=D$，其中 D 为试样直径。极限拉深系数由下式获得：

$$m = D_{0\max}/d \tag{5.1}$$

式中，d——凸模的直径（mm）。

2）胀形实验计算

胀形时的变形程度可用胀形系数表示：

$$K_{胀} = d_{\max}/d \tag{5.2}$$

式中，$d_{\max}$——胀形后的最大直径（mm）；

d——圆筒毛坯的直径（mm）。

所测数据为板材临破裂时的冲头压入深度 IE，即试样板料的杯突值。

在各种冲压工艺中，影响冲裁件质量的因素很多，有凸模与凹模之间的冲裁间隙、模具刃口状态、材料的性质、模具的结构制造精度与冲裁速度等，而起主要作用的是凸模与凹模之间的冲裁间隙，它直接影响冲裁件质量的优劣、尺寸的精度、冲裁力的大小和模具的使用寿命等。

合理的冲裁间隙是依照冲裁剪切变形时上下裂纹最后重合的原则，可从理论上推导与计算出来。对于生产适用的间隙值有经验公式和推荐的数据。

5.4.2 实验项目：冲裁间隙对冲裁件质量和冲裁力的影响

微课视频 冲裁间隙
对冲裁件质量和
冲裁力的影响

1. 实验目的

（1）通过实验和观察，掌握冲裁、拉深、翻边、缩口、扩口等工艺的完成过程。

（2）分析冲裁间隙对冲裁件断面质量、尺寸精度和冲裁力的影响，并掌握按照工作质量的要求及实际条件在冲模设计中正确选择凸模与凹模之间的合理冲裁间隙。

2. 实验内容及原理

冲裁间隙对冲裁件质量和冲裁力有一定影响。冲裁间隙过大，会增大塌角，产生过多毛刺；冲裁间隙过小，会产生两个光亮带，导致断面质量下降。同时，模具尺寸偏差对尺寸精度也会产生一定影响。当冲裁间隙减小时，冲裁力变大。此外，冲裁间隙较大有利于模具寿命的提高，冲裁间隙较小易出现卡料、易磨钝、崩刃等损坏。

　　一个合适的冲裁间隙值应能同时满足冲裁件断面质量最佳，尺寸精度最高，翘曲变形最小，模具寿命最长，冲裁力、卸料力、推件力最小等各方面的要求。因此，在冲压实际生产中，主要根据冲裁件断面质量、尺寸精度和模具寿命这几个因素给冲裁间隙规定一个范围值。只要冲裁间隙在这个范围内，就能得到合格的冲裁件和较长的模具寿命。这个间隙范围称为合理间隙，合理间隙的最小值称为最小合理间隙，最大值称为最大合理间隙。设计与制造时，应考虑到凸、凹模在使用中会因磨损而使间隙增大，故应按最小合理间隙值来确定模具间隙。

3. 实验材料和设备

　　（1）实验材料：低碳钢板料，厚 1 mm，宽 60 mm。

　　（2）实验设备：四柱液压机、组合式试验模、钳工桌、活动扳手、内六角扳手、螺丝刀、手锤、磁性表架、千分表、直角尺、卡尺、千分尺、放大镜等。

4. 实验方法和步骤

　　1）确定冲裁间隙对冲裁件断面质量、尺寸精度和冲裁力的影响

　　（1）测量凹模和各凸模尺寸，将凸模按尺寸大小顺次摆好待用。

　　（2）将冲裁模安装在设备上先测量实验用材料厚度，然后用此材料进行实验。实验时通过更换不同尺寸凹模的方法（由最大尺寸凹模开始，依次更换较小尺寸的凹模）以配成不同的冲裁间隙并对板料进行冲裁。每次冲裁后要注意记下冲裁力的大小并填入对应表格，另外，将冲裁件按顺序放好。

　　（3）测量冲裁后的冲裁件和边料孔的尺寸，用卡尺或千分尺测量工件直径尺寸和边料孔径尺寸。

　　（4）放大镜观察工件断面质量情况，并绘出断面形状简图。

　　2）进行翻边、扩口、缩口、缩扩口工序操作

　　（1）冲裁。

　　（2）翻边（用冲裁后的试样作毛坯）。

　　（3）扩口、缩口、缩扩口。

　　3）注意事项

　　（1）拆装模具时注意安全防止碰伤手脚。

　　（2）拆下来的上模部分应侧平放置，以免损伤刃口；拆下来的全部零件要整齐地放置在整洁的地方防止粘上尘土。

　　（3）装配模具时，要找正确的位置后再固定。

5. 实验分组

　　每 3 人为 1 组。根据给定冲压模具进行实验，并测量凹模与凸模配合尺寸间隙值。

6. 实验报告要求

　　（1）写明班级、学号、姓名、同组实验者、实验日期、实验用设备名称、型号。

　　（2）绘制该模具结构的装配示意图（并标出零件名称及编号）。

将模具零件按如下归类，填出各部分零件名称。

①工作零件。

②工艺结构部分：定位零件，卸压料零件。

③辅助部分：导向零件，固定零件。

（3）画出冲成的零件图。

（4）记录模具基本参数及检验结果，并对测量结果进行分析。

（5）讨论冲裁间隙对冲裁件质量和冲裁力的影响。

①根据实验结果，绘出冲裁力 P 与冲裁间隙 Z 之间的关系曲线。

②根据实验结果，绘出冲裁件尺寸精度（用偏差值 S 表示）与冲裁间隙 Z 之间的关系曲线。

③观察冲裁件孔的断面质量情况，并说明冲裁间隙大小对它的影响。

④根据实验结果，确定冲此材料应采用的合理间隙值。

⑤回答思考题。

7. 课后作业

（1）分析冲裁间隙对冲裁力的影响。

（2）分析冲裁间隙对零件断面质量及精度的影响。

5.5 飞边槽尺寸对模膛充填的影响

5.5.1 概述

1. 模锻的含义及特点

模型锻造（简称模锻）是将常温或热态的坯料放入模膛中进行塑性成型的一种锻造方法。模锻一般是在锻压设备上进行的。大多数金属材料常温下具有良好的强度、硬度和抗变形能力。因此，锻造前坯料常要加热到一定的温度范围，使其强度、硬度和抗变形能力降低，塑性提高，以便金属在模膛中流动成型。

模锻与自由锻相比有以下特点。

（1）模锻时，锻件的形状与尺寸大小主要由模具的模膛所决定。要求在模具的模膛设计过程中，充分考虑各种工艺因素，使锻件得到需要的形状和尺寸。

（2）金属在模膛里流动成型的路径最短和最合理。因此，锻件成型速度快、效率高。

（3）由于有模膛的约束，锻件的形状和尺寸容易控制，所以工人操作简便，生产率高，适合批量锻件生产。

（4）经过模锻的锻件，金属纤维组织完整流畅，金相组织致密，形状和尺寸精度大大提高。

（5）模锻件机械加工余量少，尤其是近年来的精密模锻，使锻造材料利用率大大提高，并大大减少后续工序的机械加工工时。

（6）高温锻造时，坯料在模膛中锻打，金属表面很少暴露在空气中，因此，锻坯表面氧化少，锻件表面氧化皮深度浅，锻件表面质量好。

（7）锻坯在模膛中处于挤压状态，在较大变形量时也很少有开裂现象，尤其适用于低塑性材料锻造。

（8）锻件在模膛中变形是整体变形、变形抗力大、加上模具本身的质量，使锻压设备的能量消耗增大。

（9）在模锻中，除了胎模锻可以在自由锻锤上锻造，几乎所有的模锻都要依赖于专用锻压设备。

2. 模锻时金属成型的过程

模锻时所用锻模在结构上主要分成了上模块和下模块，并分别将其固定在砧座和锤头上。下模块的模膛是用来盛装被加热透了的金属坯料的，上模块则用于冲击下模块的模膛，利用这个冲击力使得金属产生塑性流动，在模膛中进行填充，在形状上达到和模膛一样，从而得到锻件。锻模主要可以分为开式锻模和闭式锻模两种形式，是根据金属的变形特征在锻模的模膛中受到的应力以及塑性状态的差异而分类的。对于开式锻模，金属在模膛中的变形不完全受到限制，这种方式的锻造会使得多余的金属沿着垂直的力的作用向着四周流动从而形成飞边。力度越大，飞边越薄，温度降低以后，金属的流动就会受到阻力，从而使得金属填充模膛。

模锻时金属成型的过程大致能够分成 4 个阶段。

（1）镦粗变形阶段。这一阶段是从开始锻造受力到进出接触到模具的侧壁阶段，金属的高度变小，尺寸上逐渐的径向变大，在变形力上变化不大。

（2）形成飞边。金属在填充锻模膛的同时，由于桥口的存在而向外扩展流出，从而形成了飞边，并随着受力的变大而逐渐变薄，模壁会对金属的扩张产生一定的阻力，在这个阻力的作用下（飞边槽桥口处的阻力更明显），金属就会被迫填充满模膛。此时，金属会受到三向应力的作用，在这个状态下金属的变形抗力会很快地变大。

（3）充满模膛阶段。在这一阶段，飞边会受到阻力，在这个阻力的作用下加之冷却以及飞边的厚度逐渐变薄，会使得在飞边槽桥口处留出的多余金属受到很大的阻力，在金属充满了整个模膛之后，变形抗力上会迅速增大。

（4）锻足（或打靠）阶段。在这个阶段中，飞边的温度变低，受到的阻力加大，多余的金属会在作用力下排入飞边槽，这个过程是令上模块以及下模块打靠的阶段，因此在打击力度的要求上最大。

3. 飞边槽的设计问题

1）飞边槽的作用

在开式模锻中，为了便于金属充满模膛及容纳多余金属，要在终锻模膛内设计飞边槽。飞边槽的作用是阻流和促使充型，而这又主要是依靠金属流经飞边槽桥口时的摩擦阻力来实现的。因此，飞边槽的形式及飞边槽桥口部分的形状和尺寸参数，对于模腔的充满情况和所需模锻力的大小起着极其重要的作用。

2）飞边槽的形式

最常用的飞边槽形式，用于不对称锻件，切边时须将锻件翻转 180°，用于锻件形状复杂、坯料体积偏大的情况，同时设有阻力沟，用于锻件难以充满的局部位置。飞边槽在锻后利用压力机上的切边模去除。实际生产中，有些锻件的形状极其复杂，因此根据各种锻件的特点，出现了适用于不同场合下的不同形式的飞边槽。在飞边尺寸参数相同的条件下，不同形式的飞边槽对于锻造过程的影响也大相径庭。

锻模设计中常用的飞边槽形式如图5.11所示。典型飞边槽具有阻流与容纳多余金属的均衡作用，在常规锻件的开式模锻中应用较多。在实际生产中，为提高充型能力，人们又设计了一种楔形飞边槽，它主要依靠桥口斜面产生的水平分力阻止金属外流。楔形飞边槽继承了典型飞边槽阻流的优点，借助桥口部分的水平分力，从飞边产生初期就产生了足够大的阻力。同时，这种飞边槽可显著减少飞边部分金属的消耗，使模具使用寿命得以显著提高。但是，由于这种飞边在与锻件连接处要较厚些，切边较困难。对于较易充型的简单锻件，为减小模具磨损和变形力，消除模锻不足等缺陷，采用扩张形飞边槽，其特点是：在模锻初期，桥口部分对金属外流有一定的阻碍作用，而在最后阶段，对多余金属的外流则没有任何阻碍作用，因而可以较大程度地减小变形力，使上、下模容易打靠。

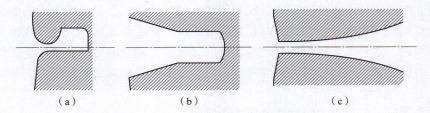

（a）　　　　　　　　（b）　　　　　　　　（c）

图5.11　锻模设计中常用的飞边槽形式

（a）典型飞边槽；（b）楔形飞边槽；（c）扩张形飞边槽

3）飞边槽的主要尺寸

飞边槽的主要尺寸是桥部高度h、宽度b及入口圆角半径R。飞边槽可分为桥部与仓部两部分，桥部的主要作用是对金属外流造成阻力，以迫使金属首先充满模膛；仓部的主要作用是容纳多余金属。当h减小时，b增大，则水平方向流动阻力增大，有利于充满模膛。但如果过度增大，将导致锻不足，并使锻模加速磨损。若h过大，b过小，则导致金属向外流动的阻力太小，不利于充填模膛，并产生厚大毛边。入口处圆角半径R太小，容易压塌内陷，影响锻件出模；太大，又影响切边质量。桥部阻力的大小不仅影响模膛的充满程度，而且影响模锻的变形力和变形功。桥部阻力大时模膛容易充满，但模锻的变形力与变形功也增大，因此桥部阻力也不宜选得过大。桥部阻力的大小与桥部尺寸、桥部的表面粗糙度等因素有关，其中b/h值对阻力的影响最为明显。飞边槽尺寸如图5.12所示。

4）设计飞边槽尺寸的方法

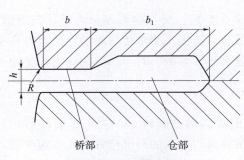

桥部　　　仓部

图5.12　飞边槽尺寸

常用的设计飞边槽尺寸的方法有吨位法和计算法。生产中通常采用吨位法。吨位法是从实际生产中总结出来的，应用简便，但未考虑锻件形状复杂程度，因而准确性差。锻件的尺寸既是选择设备吨位的依据，也是选择飞边槽尺寸的主要依据。计算法是根据锻件在分模面上的投影面积，利用经验公式求出桥口高度h，然后根据h确定其他有关尺寸。

微课视频 飞边槽尺寸对
模膛充填的影响

5.5.2　实验项目：飞边槽尺寸对模膛充填的影响

1. 实验目的

（1）了解坯料尺寸对模膛充满的影响。

（2）了解飞边槽的作用。

（3）分析金属的流动情况。

（4）了解飞边槽桥部尺寸对金属模膛充满程度和模锻力的影响。

2. 实验内容及原理

开式模锻时，变形金属的流动不完全受模膛限制，多余金属会沿垂直作用力方向流动形成飞边。随着作用力的增大，一方面，飞边减薄，温度降低，金属由飞边向外流动受阻，最终迫使金属充满型腔；另一方面，飞边槽的仓部能够容纳多余的金属。因此在开式模锻中必须设置飞边槽。设置合理的飞边槽形式、飞边槽的桥部与仓部尺寸有利于在金属充满型腔、模锻时减小变形力和变形功。

3. 实验材料和设备

（1）实验材料：7 个金属试样，尺寸为 $\phi30$ mm×40 mm。

（2）实验设备：游标卡尺、千分尺、160 t 摩擦压力机、7 套模具（不同的 b、h 值，如表 5.3 所示）等。

表 5.3　模具的 b、h 值

尺寸/mm	序号						
	1	2	3	4	5	6	7
h	1.7	1.7	1.7	1.3	1.3	2	2
b	4	5	6	3	5	5	6.6

4. 实验方法和步骤

（1）试样放入下模块中央，放上上模块，开动试验机，压缩至上、下模块合闭。

（2）将金属流入模膛的高度 H 测量后计入表中（见图 5.13 及自己设计表格）。

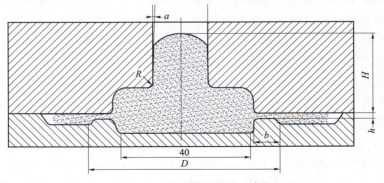

图 5.13　闭合模具尺寸示意图

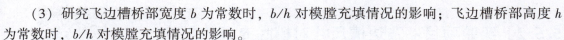

（3）研究飞边槽桥部宽度 b 为常数时，b/h 对模腔充填情况的影响；飞边槽桥部高度 h 为常数时，b/h 对模腔充填情况的影响。

5. 实验分组
每 3 人为 1 组。根据给定冲压模具进行实验，测量模腔填充情况。

6. 实验报告
（1）作出 $b =$ 常数时，h 对模腔充填高度 H 的直角坐标图。
（2）作出 $h =$ 常数时，b 对模腔充填高度 H 的直角坐标图。
（3）讨论上述结果，并得出适当结论。

7. 课后作业
（1）阐述凹模的结构形式和选用原则。
（2）凸模固定时要注意哪些问题？

5.6　局部镦粗规则的应用

5.6.1　概述

1. 镦粗的基本原理

锻造技术是在特定的温度环境中，利用工具或模具对原材料施加外部力量，使金属产生塑性流动，进而改变原材料的体积和形态，从而制造出具有特定尺寸和性能的锻件的技术。锻模材料有硬质合金和高速钢等，常用来制造各种零件。锻造技术可以分为两大类：自由锻和模锻。自由锻是一种比较先进的锻造加工技术，其特点是生产率高、成本低、产品质量好。在自由锻的基础工序中，深入了解和掌握金属的流动特性和变形模式，对于选择合适的成型工序、准确评估锻件的质量及制订锻件自由锻的工艺规程具有至关重要的意义。

镦粗在自由锻的基本工艺过程中应用最为广泛，它是坯料高度降低、横截面变大的成型过程。镦粗具有以下优点。

（1）能够把横截面积很小的坯料锻造成横截面积大、高度低的饼形件。
（2）能够不同程度地压碎钢锭树枝状铸造组织，降低缩松缩孔缺陷。
（3）拔长前的镦粗可以提高拔长锻造比。
（4）能够改善锻件横向性能，降低力学性能异向性。
（5）冲孔前先镦粗，可以增加坯料横截面积，使端面光滑。
（6）可破碎合金工具钢经多次镦粗和拔长后碳化物分布均匀，内部组织得到改善。

根据使用的原料，镦粗可以分为圆形截面的镦粗、方形截面的镦粗及矩形截面的镦粗等；根据采用的方法，镦粗可以分为平砧镦粗、垫环镦粗以及局部镦粗。由于各种工艺条件不同，对金属板材进行镦粗时所采用的方法也各不相同。在镦粗的过程当中，坯料的变形水平、应力、应变场的分布与坯料的外形、大小及镦粗的方法紧密相关，它们之间的差异是非常显著的。因此，对各种不同材料进行镦粗时必须根据实际情况选择合适的工艺参数，才能获得较好的效果。接下来，重点探讨圆截面坯料的平砧镦粗和局部镦粗。

在平砧之间对圆截面坯料进行镦粗时，其径向尺寸会随着高度（轴向）的降低而逐渐扩大。坯料与工具接触的表面存在摩擦，这导致镦粗后的坯料侧面呈现鼓状，并进一步引起坯料变形的不均匀分布。在研究金属塑性成型过程中质点的流动特性时，最小阻力原理是不可或缺的。也就是说，在塑性成型过程中，金属质点会朝着阻力最小的方向进行移动。由于在接触面上，质点流向自由表面的摩擦阻力与质点与自由表面之间的距离是正相关的，因此，距离自由边界越短，阻力就越低，这就意味着金属质点一定会沿着这个方向流动。这导致了 4 个流动区域的形成，它们以 4 个角的二等分线和长度方向的中线作为分界线，这 4 个区域内的质点到各自的边界线的距离都是最短的。这种流动方式导致从宽边方向流出的金属数量超过了长边方向，因此经过镦粗处理后的端面呈现出椭圆的形状。通过持续的镦粗处理，各个方向上的摩擦阻力逐渐接近一致，从而使端面逐渐接近圆形。通过使用对称面网格法进行镦粗试验和有限元模拟，能够观察到坯料轴向剖面网格镦粗后的变化，参见图 5.14。根据变形的程度，坯料对称面可以被划分为 3 个不同的变形区域。

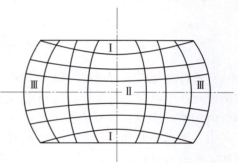

图 5.14　镦粗时变形分布

（1）区域Ⅰ被定义为难变形区。它是上、下平砧接触处。由于该变形区直接与端面接触，受较大摩擦力作用，金属变形要求单位压力升高，区内单元体均处于三向压应力作用下，变形非常困难，即变形程度非常小，离试样的中心越近，三向压应力就越大。随与接触表面距离的增加，摩擦力影响较小，因此区域Ⅰ大致为一个圆锥体。

（2）区域Ⅱ被定义为大变形区域。这一区域位于坯料的中段内部，因此受到摩擦力的影响相对较小。在这种应力状态下，变形是有利的，因此在水平方向上受到的压应力也相对较小。单元体主要在轴向力的作用下产生显著的压缩变形，而径向则有较大的扩展。由于难以变形的锥体产生的压挤效应，横向坐标网格线还出现了向上和向下的弯曲，这些综合变形共同导致了圆柱体外形出现鼓形，从而使其变形程度达到最大。

（3）区域Ⅲ被定义为小变形区域，其变形程度位于区域Ⅰ和区域Ⅱ之间。在变形过程中，当区域Ⅱ的金属开始向外流动时，它会受到压应力的影响，并在切向方向上产生拉应力。这种拉应力随着距离表面的增加而增大，导致纵向坐标线呈现凸肚状，但网格的形变相对较小。

2. 镦粗与高径比的关系和局部镦粗规则

在对具有不同高径比（H_0/D_0）的圆柱形坯料进行镦粗处理时，观察到的鼓形特性和内部变形分布表现出明显的差异性。

（1）当 $H_0/D_0 = 1.5 \sim 2.5$ 的坯料镦粗时，开始在坯料的两端先产生鼓形，形成Ⅰ、Ⅱ、Ⅲ、Ⅳ这 4 个变形区，如图 5.15（a）所示。其中，Ⅰ、Ⅱ、Ⅲ变形区与前述相同，而坯料中部的区域Ⅳ为均匀变形区。该变形区不受摩擦力影响，内部变形均匀，侧面保持圆柱形，继续镦粗，形成明显的双鼓形，如图 5.15（b）所示。

（2）当 $H_0/D_0 = 0.5 \sim 1.0$ 的坯料镦粗时，只产生单鼓形，形成 3 个变形区，如图 5.15（c）所示。

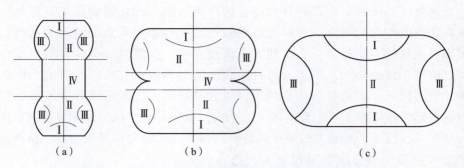

图 5.15　不同高径比坯料镦粗时鼓形变化情况与变形区分布
（a）变形初期；（b）双鼓形；（c）单鼓形

对长杆型坯料进行局部镦粗是模锻生产中经常采用的变形工序之一。为了避免坯料在局部镦粗时产生纵弯、折叠，要限制变形量，即局部镦粗规则。使用平冲头自由镦粗和在锥形冲头内镦粗（积聚）所获镦粗试样。

（1）局部镦粗第一规则：只要坯料的局部镦粗长度与直径的比值 $\psi < \psi_{允许}$，那么坯料可以在一次镦粗过程中形成各种形状，而不会出现任何缺陷。一般来说，$\psi_{允许} \leqslant 3.2$。

ψ 的值可以根据坯料的端面状态和冲头的形状来决定。当端面相对平滑且直径较大时，ψ 可以选择一个较大的值（通常不应超过 2.5），否则可以选择一个较小的值。此外，相关的公式也可以用来计算 ψ 的允许值。

（2）局部镦粗第二规则：当坯料的 $\psi > \psi_{允许}$ 时，坯料一次镦粗成任意形状，则可能发生纵弯，产生折叠。为了避免产生折叠，必须在型腔（圆柱形或锥形）内积聚，在侧壁的约束下不会形成纵弯和折叠，经过多次堆积，直至长径比 $\psi \leqslant \psi_{允许}$ 才最终形成要求的锻件形状。

在凸模中积聚时：$D_m = 1.5D_0$，$A \leqslant 2D_0$；$D_m = 1.25D_0$，$A \leqslant 3D_0$。

在凹模中积聚时：$D_m = 1.5D_0$，$A \leqslant D_0$；$D_m = 1.25D_0$，$A \leqslant 1.5D_0$。

3. 镦粗时的注意事项

（1）为了避免镦粗时产生纵向失稳弯曲，要灵活运用局部镦粗规则进行设计计算后再操作。

（2）镦粗前坯料断面应平整，端面与轴线要垂直，镦粗前坯料下料端面应平整，并与轴心线垂直。

（3）镦粗时每次的下压量应小于材料所允许的变形范围。

（4）局部镦粗成型时的坯料尺寸，应按杆部直径选取。

（5）局部镦粗时变形部分的坯料同样存在产生纵向失稳弯曲的问题，因此坯料变形部分高径比 $H_头/D_0 \leqslant 3$。

（6）对于头部较大而杆部较细的锻件，不能采用局部镦粗，而是用大于杆部直径的坯料，采取先镦粗头部，再拔长杆部的加工方法。

5.6.2　实验项目：局部镦粗规则的应用

1. 实验目的

（1）应用局部镦粗规则进行镦粗实验，验证局部镦粗规则的正

确性，观察并分析由于 $\psi=\dfrac{L_B}{D_0}$ 值的影响而出现的正常和不正常现象。

（2）分析锻造成型过程中金属材料的变形过程及流动规律，加深对塑性成型相关概念的理解。

2. 实验内容及原理

镦粗是使坯料高度减小而横截面增大的锻造工序。若使坯料局部截面增大则称为局部镦粗。在对不同高径比尺寸的圆截面坯料进行镦粗时，产生的鼓形特征和内部变形分布均不相同，从而导致在镦粗过程中纵弯、折叠等现象产生。为了获得所需尺寸坯料，需要限制镦粗时的变形量以保证工序的顺利进行，经多次积聚直至高径比在允许范围内即可一次成型为所需锻件形状。

本实验使用平冲头自由镦粗和在锥形冲头内镦粗（积聚），如图 5.16 所示。

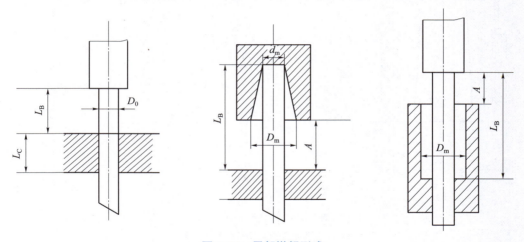

图 5.16　局部镦粗形式

毛坯直径为 D_0，利用坯料不变形部分 L_C 夹紧定位，对伸出部分坯料 L_B 进行局部镦粗变形。

3. 实验材料和设备

（1）实验材料：铅试样 4 个，尺寸分别为 $\phi18\ mm\times66\ mm$，$\phi18\ mm\times92\ mm$，$\phi18\ mm\times132\ mm$，$\phi18\ mm\times132\ mm$。

（2）实验设备：万能材料试验机，铅试样制备模具，局部镦粗模（图 5.17），配平冲头；锥形冲头（图 5.18），游标卡尺，计算器。

4. 实验方法和步骤

（1）通过预习实验内容和理论知识，计算实验采用试样的 $\psi_{允许}$。

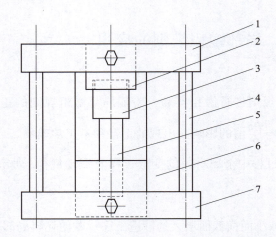

1—上模座；2—冲头夹；3—冲头；4—导柱；5—试样；6—夹紧凹模；7—下模座。

图 5.17　局部镦粗模简图

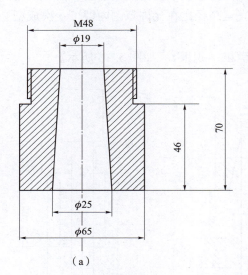

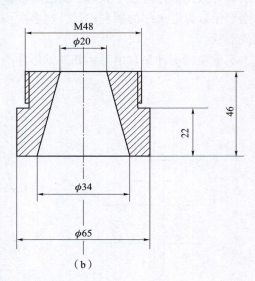

图 5.18　锥形冲头示意图

（a）1#锥形冲头；（b）2#锥形冲头

（2）每个试样均先在可分凹模中夹紧（$L_c = 30$ mm）后，再进行镦粗，变形完后取出试样，进行观察与测量。

（3）将试样①、②分别用平冲头进行一次自由镦粗，观察由于 ψ 值的不同，而产生的正常与不正常现象，画出草图，测量尺寸。

（4）将试样③依次在 1# 和 2# 锥形冲头内进行两次积聚，观察每次积聚前凸凹模之间的距离（A）以及试样积聚后的形状，测量大小头直径及长度（D_m、d_m、L_m），画出变形草图。

（5）将试样④在 2# 锥形冲头内进行一次积聚，观察变形时出现的纵弯折叠、毛边等缺陷，画出变形草图。

（6）整理记录，填入表 5.4 中，并划出试样变形后草图，注出测量尺寸。

（7）计算每个试样的 ψ 值，并对试样③进行积聚工步尺寸计算（即确定每工步的 D_m、

d_m、L_m 及相应工艺参数 η、ε、β），与实测的数据比较。

表 5.4　局部墩粗实验记录表

试样号	试样尺寸	L_B	ψ	$\psi_{允许}$	压缩量	D_m	d_m	L_m	观察记录及变形草图
①									
②									
③									
④									

5. 实验分组

每 3~4 人为 1 组，根据给定铅试样，用局部镦粗原则计算，选择合适的冲头进行镦粗实验。

6. 实验报告

（1）根据实验记录，讨论并分析局部镦粗时产生缺陷的类型和原因。

（2）对实验所用的 $\phi 18$ mm×132 mm 试件进行积聚工步计算，并初步确定所用模具尺寸。

7. 课后作业

对于带头部的杆类锻件（无孔类），除积聚工步外，如何选择型槽形式？

5.7　Al 合金挤压成型及热处理

5.7.1　概述

挤压是通过挤压设备对位于挤压筒或盛料筒内的金属坯料施加一定的外力，使金属坯料产生塑性变形的同时从特定的模具孔中流出，进而获得特定断面形状和尺寸的成型方法。

1. 挤压的基本特点

（1）具有有利于金属塑性变形的应力状态，即强烈的三向压缩应力状态。

（2）变形金属与工具间存在较大的外摩擦力，使变形很不均匀。

（3）对许多高合金化的铝合金，可获得挤压效应。

挤压由于具有以上特点，因而获得了广泛的应用。

为了铝合金坯料能够顺利加工成所需线材，需适当提高金属坯料在塑性变形过程中的塑性，而影响塑性的因素主要包括：金属的自然性质，金属在变形过程中的变形温度、变形速度、变形力学条件等。也可以降低其在塑性变形过程中的变形抗力提高出品率，如合理的变形温度、变形速度、变形程度及应力状态等。

2. 挤压的分类

根据金属相对挤压杆运动的特点，挤压主要分为正向挤压和反向挤压，此外还有连续挤压、横向挤压、联合挤压、液体金属挤压和冲击挤压等。这里仅介绍正向挤压和反向挤压。

（1）正向挤压。金属流动的方向与挤压杆运动方向相同的挤压为正向挤压，整个锭坯沿挤压筒内壁以与挤压杆相同的运动方向和速度移动，通过模孔流出，如图5.19所示。在挤压筒与锭坯之间产生摩擦，一般需要用30%以上的挤压力来克服这一摩擦阻力，同时这一摩擦阻力的存在造成了变形区内金属流动的不均匀。

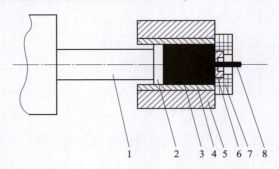

1—挤压杆；2—挤压垫片；3—锭坯；4—挤压筒内衬；5—挤压筒；

6—模子；7—模支承；8—制品。

图5.19　正向挤压过程

正向挤压的优点很多、灵活性大，可用此法生产各种挤压制品，在设备结构、工具装配和生产操作等方面也都较其他挤压方法简单，因此目前绝大多数型、棒和管材都采用正向挤压生产。但是由于正向挤压金属流动不均匀，增加了制品组织和性能的不均匀性，故废品率较高。

（2）反向挤压。金属流动方向与挤压杆的运动方向相反的挤压为反向挤压。在反压挤压过程中，金属流动时锭坯在挤压筒中不移动，也就是锭坯在挤压筒内与挤压筒之间基本上没有相对滑动，故它们之间产生的摩擦力很小，且只集中在模子附近。因此，反向挤压时，挤压力要比正向挤压小30%～40%。同时，金属流动也比较均匀，制品的组织性能也均匀。挤压残余（压余）可以少留，成品率高。

挤压杆为可动的反向挤压过程如图5.20所示。反向挤压时，可动挤压杆及位于其端部的模子进入不动挤压筒中，制品则可流入可动挤压杆空腔中。反向挤压也可采用可动挤压筒与不动挤压杆，如图5.21所示。同样，锭坯在挤压筒中也不移动。生产中反向挤压多半采用后一种形式，因为采用可动挤压杆将使挤压机结构复杂化。

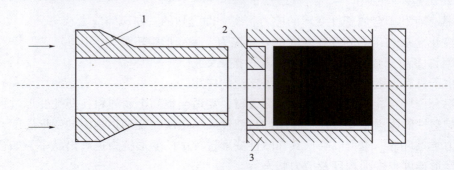

1—可动挤压杆；2—模子；3—不动挤压筒。

图5.20　挤压杆为可动的反向挤压过程

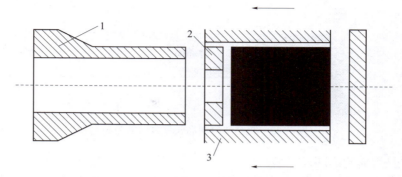

1—不动挤压杆；2—模子；3—可动挤压筒。

图 5.21　挤压杆不动的反向挤压过程

反向挤压有利于使用大直径的长坯锭和低温快速挤压，但是由于模子固定较复杂，操作困难，生产率低，因此实际生产中应用还较少。但近年来随着生产技术的进步和设备结构的改进，反向挤压又有所改进。

3. 挤压制品的组织特点

挤压制品的组织特点与挤压方法和挤压条件有很大关系。与其他加工方法相比，挤压制品的组织无论是断面上还是在长度方向上都很不均匀。

对于 Al 合金生产中广泛采用的不带润滑的正向挤压来说，其不均匀变形的一般变化特点是从挤压制品的前端向尾端、从断面的中心向边部逐渐增大。在挤压制品的前端，由于变形程度较小，其内外层组织不均匀，力学性能也比其他部分低；在挤压制品的中段，当变形程度较大时（挤压系数 $\lambda = 10 \sim 12$），其组织和性能基本上是均匀的，但当变形程度较小时（$A = 6 \sim 10$），其中心和周边上的组织仍然是不均匀的；在挤压制品尾端，由于金属在挤压末期出现紊流现象，形成了组织特征上有明显差别的挤压缩尾。

4. 粗晶环和挤压效应

Al 合金挤压制品组织的不均匀性，在型、棒材中还经常出现两种特别的组织：粗晶环和有挤压效应的变形织构。

1）粗晶环

热挤压的 Al 合金在热处理后其周边形成一周环状的晶粒粗大区域，称为粗晶环。粗晶环是铝合金挤压制品中的一种组织，性能不均匀，它的形成与挤压时金属变形的不均匀有关。

（1）粗晶环的形状与分布。挤压制品中粗晶环的形状、分布与挤压方法和挤压条件有关。

在不带润滑的正向挤压情况下，粗晶环较深、较长；在带润滑挤压和冷挤压时，由于变形均匀，粗晶环浅而短；反向挤压时金属变形很均匀，粗晶环很浅、很短，甚至消失。

单孔模挤压棒材时粗晶环为圆环状，多孔模挤压时粗晶环为月牙状。粗晶环沿制品长度方向的分布如图 5.22 所示。从头至尾逐渐增大，好像一根内径带有锥度的圆管。

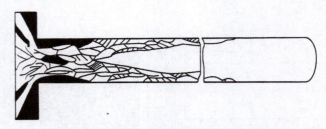

图 5.22　粗晶环沿制品长度方向的分布

（2）工艺条件对粗晶环的影响。

①铸锭均匀化的影响：铸锭均匀化对粗晶环的形成有很大的影响。对许多合金进行均匀化处理往往可以促使粗晶环加深、加长，而且均匀化温度越高，影响越大。

②挤压温度的影响：金属和挤压筒的温度对粗晶环的形成也有明显的影响。实践证明，挤压温度低，使金属处于相变温度以下（即两相区）时易形成粗晶环。对需要严格控制粗晶环深度的制品，挤压温度控制在单相区内，即进行高温挤压，常可减小甚至消除粗晶环。

③淬火加热温度和保温时间的影响：淬火加热温度和保温时间对许多合金的粗晶环形成影响较大，一般是加热温度越高，保温时间越长，形成的粗晶环越深，且其晶粒度越大。

④合金元素及杂质的影响：Al 合金中，2A50、2A02、2A11、2A12、6A02 和 7A04 等最容易形成粗晶环。合金中主要元素对粗晶环形成的影响随合金系的不同而不同。许多 Al 合金系（如硬铝、超硬铝）中，添加 Mn、Ti、Zr 和 Cr 等元素能减少粗晶环的深度，这是由于这些元素的加入可以提高 Al 合金再结晶温度，阻碍再结晶的进行。对许多 Al 合金（如纯铝、Al-Cu、Al-Mn、Al-Si 系）来说，Fe、Si 杂质含量越多，粗晶区晶粒越大。

⑤二次挤压的影响：由于二次挤压破坏了一次挤压时比较强烈的变形结构，结果使二次再结晶不能进行，因此可以消除粗晶环。

2）挤压效应

对于某些 Al 合金，如 2A11、2A12、2A50、6A02 和 7A04 等，经过淬火和时效，比用其他压力加工方法（如轧制、拉深、锻造等）得到的制品，在强度上有所提高，塑性上却降低了，这种现象称为挤压效应。只有含 Mn、Cr、Zr 和 Ti 的 Al 合金才有挤压效应。

挤压效应的特征是存在变形组织。Al 合金有挤压效应主要有以下两个原因。

（1）挤压时，制品内形成较强的织构，对面心立方晶格的铝合金来说是<111>晶面结构，即<111>方向和挤压制品轴线趋近。由于<111>方向是强度最高的方向，所以使制品的纵向抗拉强度提高。

（2）存在 Mn 等元素，提高了再结晶温度（即抑制再结晶）。在挤压之后的加热过程中不发生再结晶，析出 $MnAl_6$ 弥散质点，而且使<111>织构保留在淬火和时效后的制品内。

对于其他加工方法来说，由于没有像挤压制品那样的织构，因此即使 Al 合金内含有 Mn 等元素，也不会发生类似挤压效应的现象。

研究挤压效应对优化 Al 合金的挤压工艺规程和提高挤压制品强度具有重大意义，在生产中合理地控制挤压条件和 Al 合金的化学成分能获得高强度的产品。但是由于提高了强度，往往使 Al 合金的伸长率显著降低而达不到技术要求，因此有的情况下应设法控制挤压效应。

控制 Al 合金挤压效应的措施如下。

（1）提高 Al 合金均匀化温度、延长均匀化时间和提高淬火前的加热温度，使 MnAl$_6$ 弥散质点充分聚集成长和充分进行再结晶。

（2）采用特殊的挤压工艺规程，即提高挤压速度或降低挤压温度以增加物理变形程度，促进固溶体分解和充分进行再结晶。

（3）采用二次挤压或在挤压后淬火前施以适当的冷变形。

一些影响粗晶环的工艺因素，对挤压效应也同样有影响，因此对各种因素的影响应进行具体分析。

5.7.2　实验项目：Al 合金挤压成型及热处理

微课视频 Al 合金挤压成型及热处理

1. 实验目的

运用所学的材料成型原理和工艺进行材料的熔炼、挤压，掌握热处理工艺路线的设计方法，培养观察、分析和解决问题的实际工作能力和实践操作技能。

2. 实验原理及内容

挤压是金属在 3 个方向的不均匀压应力作用下，从模孔中挤出或流入模腔内以获得所需尺寸、形状的制品或零件的锻造工序。采用挤压工艺不但可以提高金属的塑性，生产复杂截面形状的制品，而且可以提高锻件的精度，改善锻件的力学性能，提高生产率和节约金属材料等。

根据挤压时坯料的温度不同，挤压工艺可分为热挤压、温挤压和冷挤压；根据金属的流动方向与冲头的运动方向，可分为正挤压、反挤压、复合挤压和径向挤压。此外，还有静液挤压、水电效应挤压等。挤压可以在专用的挤压机上进行，也可以在液压机、曲柄压力机或摩擦压力机上进行。对于较长的制件，可以在卧式水压机上进行。

挤压时金属的变形流动对挤压件的质量有直接的影响。因此，可以通过控制挤压时的应力应变和变形流动来提高挤压件质量。本实验内容如下。

（1）选定合金种类并概述其性能和应用。

（2）制订 Al 合金的铸造、挤压和热处理的实验方案。

（3）Al 合金的熔炼及金属型铸造。

（4）Al 合金铸件的组织与性能测试与分析。

（5）Al 合金铸件的挤压成型。

（6）挤压件的组织与性能测试与分析。

（7）挤压件的固溶时效热处理。

（8）挤压件的热处理组织与性能测试与分析。

（9）Al 合金铸件、挤压件和热处理件常见缺陷的预防及补救方法。

3. 实验材料和设备

（1）实验材料：Al、Si、Cu、型砂、砂纸等。

（2）实验设备：万能试验机、坩埚电阻炉、硬度计、金属型、砂铸模样、手锯、抛光机、金相显微镜等。

4. 实验方法和步骤

（1）制订 Al 合金的铸造、挤压和热处理的实验方案。

（2）Al 合金的熔炼及金属型铸造。

（3）Al 合金铸件的均匀化退火。

（4）Al 合金铸件的挤压成型。

（5）挤压件的固溶时效热处理。

（6）Al 合金铸件的组织与性能测试和分析。

（7）挤压件的组织与性能测试和分析。

（8）挤压件的热处理组织与性能测试和分析。

（9）实验结果对比。

5. 实验分组

每 7~8 人为 1 组。进行 Al 合金的铸造、均匀化退火、塑性成型、固溶处理和人工时效实验，对铸态与挤压态的显微组织、硬度和抗拉强度进行比较，并总结 Al 合金铸件、挤压件和热处理件常见缺陷的预防及补救方法。

6. 实验报告

（1）概述 Al 合金的铸造、挤压和热处理工艺。

（2）对铸态与挤压态的显微组织、硬度和抗拉强度进行比较。

（3）总结 Al 合金铸件、挤压件和热处理件常见缺陷的预防及补救方法。

7. 课后作业

概述 Al 合金的铸造、挤压和热处理工艺特点及步骤。

第 6 章　设计性实验

6.1　Al 合金铸件成型及浇注系统设计

6.1.1　概述

浇注系统指的是在铸型过程中，金属液流入型腔的综合通道。它是由浇口杯（也称为外浇口）、直浇道、直浇道窝、横浇道及内浇道等部分构成的，如图 6.1 所示。浇注系统的主要功能是控制金属液填充铸型的速度及填充铸型所需的时长；确保金属液平稳流入铸型中，从而减少紊流和对铸型的冲击；确保熔渣和其他杂质不进入型腔；防止金属液因过热而产生粘砂现象，减少或消除铸造缺陷。在浇注过程中避免卷入任何气体，并确保铸件在冷却时遵循顺序凝固的准则。从更广泛的角度看，浇包和浇注设备都可以被视为浇注系统的重要组成部分。浇注设备的构造、大小和位置等因素，都会对浇注系统的设计和计算产生一定的影响；同时，在铸造过程中由于各种原因会造成金属液与铸型间产生气泡或夹砂现象，这些都将导致浇注失败。此外，出气孔也可以被认为是浇注系统的一个重要组成部分。因此，浇注系统就是铸造生产中最重要的环节之一。铸件的质量在很大程度上受到浇注系统设计的影响，大约 30% 的铸件废品是由浇注系统的不恰当设计导致的。

对浇注系统的基本要求如下。

（1）内浇道的具体位置、方向及数量，应与铸件的凝固准则和补缩技术相一致。

（2）确保金属液在规定的浇注时间内充满型腔。

（3）确保提供所需的充型压力头，确保铸件的外形和棱角清晰。

（4）确保金属液的流动稳定，并防止产生严重的紊流现象。避免吸入气体或吸入的气体导致金属发生

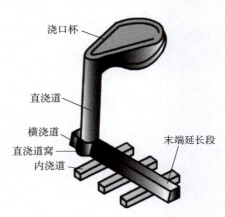

图 6.1　浇注系统组成

（浇口杯、直浇道、横浇道、直浇道窝、内浇道、末端延长段）

过度氧化。

（5）具有良好的阻渣能力。

（6）当金属液渗入型腔时，其线速度不应过快，以防止对型壁或砂芯产生飞溅或冲刷。

（7）确保铸型内的金属液面上升速度足够快，以避免出现如夹砂结疤、皱皮和冷隔等不良缺陷。

（8）不破坏冷铁和芯撑的作用。

（9）浇注系统中的金属使用量较少，且清洁相对简单。

（10）通过缩小砂型的体积，其造型变得更为简洁，并且制造出的模样也更为容易。另外，对于较薄的铸件，浇注系统经常作为冒口使用，具有一定的补缩效果。

6.1.2　实验项目：Al 合金铸件成型及浇注系统设计

微课视频 Al 合金铸件
成型及浇注系统设计

1. 实验目的

（1）掌握 Al 合金铸件铸造工艺的设计方法。

（2）掌握浇注系统、冒口及浇注温度对 Al 合金铸件质量的影响。

2. 实验内容及原理

浇注系统的常见分类方法有两种：基于浇注系统各部分截面的相对比例，分为封闭式、开放式、半封闭式和封闭开放式浇注系统等，如表 6.1 所示；根据铸件上内浇道的相对位置（即引入位置），分为顶注式、中注式、底注式和阶梯注入式浇注系统等。

表 6.1　浇注系统按各部分截面的相对比例分类

类型	截面比例关系	特点及应用
封闭式	$A_{杯}>A_{直}>A_{横}>A_{内}$	阻流截面在内浇道上。浇注时，金属液很容易充斥整个浇注系统 虽然具有很强的挡渣能力，但是金属液的充型速度更快，冲刷力更大，容易造成喷溅现象 通常情况下，金属液的使用量较少，清洁起来也相对简单，特别适用于铸铁的湿砂型小部件和干砂型中、大部件
开放式	$A_{直上}<A_{直下}<A_{横}<A_{内}$	阻流截面在直浇道上（或浇口杯底孔）。当各部分开放比例较大时，金属液不易充满直、横、内浇道，呈非充满流动状态 充型过程稳定，对型腔的冲刷力较弱，但挡渣性能并不理想 通常情况下，金属液的使用量较大，这使得清洁变得困难，因此它经常被用于非铁合金、球墨铸铁和铸钢这些容易氧化的金属部件，而在灰铸铁部件上的使用则相对较少
半封闭式	$A_{直}<A_{横}$ $A_{横}>A_{内}$ $A_{直}>A_{内}$	阻流截面在内浇道上，横浇道截面为最大。浇注时，浇注系统能充满，但相比封闭式较慢 具有一定的挡渣能力。由于横浇道截面大，金属液在横浇道中流速减小。充型的平稳性及对型腔的冲刷力都优于封闭式 适用于各类灰铸铁件及球墨铸铁件

类型	截面比例关系	特点及应用
封闭开放式	$A_杯 > A_直 < A_横 > A_内$ $A_杯 > A_直 > A_{集渣包出口} < A_内$ $A_直 > A_阻 < A_横后 < A_内$ $A_直 > A_阻 < A_内 < A_横后$	阻流截面设在直浇道下端、横浇道内部、集渣包出口或内浇道前的阻流挡渣设备位置 　　阻流截面在前部是封闭的，而在后部则是开放的，这不仅有助于挡渣，还确保了充型的稳定性，同时融合了封闭式和开放式的双重优势 　　适用于各种铸铁部件及中、小部件。当一个砂箱内有多个部件时，它的使用尤为普遍。目前铸造过滤器的使用，使这种浇注系统应用更为广泛

注：$A_杯$、$A_直$、$A_横$、$A_阻$、$A_内$ 等分别指浇口杯、直浇道、横浇道、阻流片、内浇道等各单元最小处的总截面积。

在表 6.1 中，"封闭""开放"是指浇注系统的截面比例关系，应同"充满""不充满"区分开。只是说在正常的浇注条件下，封闭式浇注系统是充满式。

浇道截面积比值 $A_直 : A_横 : A_内$ 代表了浇注系统的一个特征，说明朝向铸件方向它的截面积的变化规律。若朝向铸件方向浇道截面积缩小，则会产生一种阻流效应，使浇注系统易于充满；若朝向铸件方向浇道截面积增大，则使浇注系统中的金属液流动趋于平缓，甚至会出现非充满流态。

在封闭的浇注系统里，当金属液渗入型腔时，可能会引发超声波的喷射效果；而在开放的浇注系统里，金属液流动容易带入气体。因此，应根据被浇注的合金种类和铸件的基体情况来选择浇注系统各单元的比例关系。理想的浇注系统应刚好建立起保证金属液完全填满浇道的正向压力，同时避免带气。

传统理论把金属液视为理想流体，因此"封闭"式就是"充满"式、"开放"式就是"不充满"式浇注系统。而金属液是实际流体，有黏度、有阻力。在砂型中只有全部浇道的金属液为正压力，才呈充满式流态。理论计算和实际浇注试验证明：封闭式是充满式，而"开放"式则不一定是非充满式浇注系统。

3. 实验材料和设备

（1）实验材料：Al-Si 5%合金、铸件模样、纯铝、结晶 Si、C_2Cl_6、三元变质剂等。

（2）实验设备：SG_2-7.5-12 坩埚电阻炉、控温仪、热电偶、砂轮切割机、坩埚、手锯、砂箱等。

4. 实验方法和步骤

（1）准备炉料及熔化，选择 Al-Si 5%合金 10 kg，用 SG_2-7.5-12 坩埚电阻炉熔化，熔化后温度达到 760 ℃时保温待用。

（2）准备型砂。

（3）根据给定的几种铸件模样，确定浇注位置及分型面，合理地设计浇注系统和冒口，确定实验方案。

（4）根据所确定的实验方案，采用砂型铸造方法造型、制芯，控制浇注温度，进行浇注。

（5）对所浇注的铸件的质量进行检验。

5. 实验分组

每 6 人为 1 组，进行浇注系统设计、制备砂型、浇注和检查并总结。

6. 实验报告

（1）画出铸件及浇注系统结构示意图。

（2）叙述实验操作过程。

7. 课后作业

（1）对浇注系统的特点进行分析。

（2）对铸件的质量进行分析。

6.2　消失模铸造涂料设计及性能测试

6.2.1　概述

消失模铸造涂料的使用不同于普通铸造涂料的使用。在普通铸造中，涂料涂敷在铸型型腔表面，但在消失模铸造中，是将涂料刷涂在泡沫塑料模样上。

消失模铸造涂料的主要作用如下。

（1）提高泡沫塑料模样的强度和刚度，防止模样在运输、填砂振动时破坏或变形。

（2）浇注时，涂料层是金属液与干砂之间重要的隔离介质，如图 6.2 所示。涂层将金属液和铸型分开，防止金属液渗入干砂中，以保证得到表面光洁、无粘砂的铸件。同时，防止干砂流入金属液与泡沫塑料模的间隙中，造成铸型塌箱。

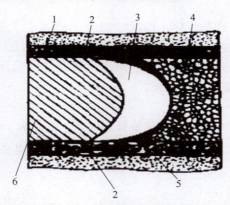

1—干砂；2—涂料；3—气态产物；4—泡沫塑料模样；5—液态产物；6—金属液。

图 6.2　消失模涂料层的作用

（3）涂料层能让泡沫塑料模样的热分解产物（大量的气体或液体等）顺利地排逸到铸型中去，防止铸件产生气孔、炭黑等缺陷。由于不同合金浇注的温度不同，泡沫塑料模样的热分解产物区别很大。浇注钢铁金属液时，热分解产物以气态产物为主，涂层要有较高的透气性；浇注 Al 合金时，热分解产物则以液态为主，要求液态热分解产物能够与涂层润湿，顺利地渗入涂层，排出型腔。

消失模铸造涂料一般由耐火材料、黏结剂、载体（溶剂）、表面活性剂、悬浮剂、触变剂及其他附加物组成。各种组分被均匀混合在一起，在涂料的涂挂和金属液浇注过程中综合发挥作用。

消失模铸造涂料的性能指标：强度、透气性、耐火度、绝热性、耐急冷急热性、涂挂性、滴淌性、悬浮性等。这些性能指标可以归纳为两类：工作性能和工艺性能。

（1）强度、透气性、耐火度、绝热性、耐急冷急热性等均为工作性能。其中，最主要的为强度和透气性。消失模铸造涂料要求有高的强度，又要求有高的透气性，这是它与其他铸造涂料的不同。

（2）涂挂性、滴淌性和悬浮性等则属于工艺性能。消失模铸造常采用水基涂料，因水基涂料不润湿有机的泡沫塑料模，需要改善涂料的涂挂性。模样在浸涂料后，一直悬挂着干燥，涂料应流平并尽量不滴不淌，以确保得到一定厚度的均匀涂层，充分利用涂料又不污染环境。悬浮性是涂料的重要工艺性能，也是涂料流动性能的重要参数，一般具有好的悬浮性的涂料均具有屈服值和触变性。在涂料中加入钠基膨润土或活化膨润土、黏土等悬浮剂可改善涂料的悬浮性。

6.2.2　实验项目：消失模铸造涂料设计及性能测试

微课视频 消失模铸造涂料
设计及性能测试

1. 实验目的

（1）掌握消失模铸造对涂料性能的基本要求，与其他铸造方法进行比较，说明其主要特点。

（2）有色合金水基涂料、铸铁件水基涂料、铸钢件水基涂料、高锰钢水基涂料选其一。其耐火填料、黏结剂及悬浮剂与其他附加物均由学生自行选择、设计、配方，并经指导教师审核批准。

（3）学会使用涂料性能测试仪器或设备，掌握操作要领。

2. 实验内容及原理

消失模铸涂料一般由耐火材料（粉状）、黏结剂、载体（溶剂）、表面活性剂、悬浮剂、触变剂以及其他附加物组成。耐火材料是涂料的主要组成部分，在涂料中所占比例最高，达45%～80%，因而也被称为"耐火粉料"或"耐火骨料"。耐火材料的性质决定了涂料的性质，故在涂料的选用上，应按铸件的材质、大小及其壁厚进行选择，以最低的经济成本取得理想的效果。

载体是涂料的重要组成部分，对于液状涂料，载体是水或其他溶剂材料。载体的主要作用是运载耐火材料及其黏结剂、悬浮剂等，以便将其涂敷于铸件表面。完成运载任务后，一般要将载体完成脱除，涂料实际上起作用时基本不含载体。以水作载体时，其脱除方式是烘干或晾干；以醇类作载体时，其脱除方式是点火烧掉；以氯代烃作载体时，脱除方式是自行挥发。因而，有时按所用载体将涂料分为水基涂料、醇基涂料（快干涂料）和氯代烃基涂料（自干涂料）。

除了耐火材料和载体，涂料中还含有一些为保障涂料性能所需的其他材料。

下面主要介绍黏结剂和悬浮剂的种类及作用。

黏结剂：为使涂料牢固地附着于铸型的表面上，并形成具有一定强度的涂料层，涂料中应有适当的黏结剂。由于涂料层所处的工况条件十分苛刻，如其常温强度应能耐受铸型搬运时的振动和意外的轻微碰撞；浇注时，要耐受从常温骤热到金属液的温度，且要耐受金属液的冲击。因此，涂料中简单地使用一种黏结剂是不能满足工作要求的，必须将几种在不同温度范围内起作用的黏结剂配合使用。此外，黏结剂在涂料配方中的加入量虽然不高，但若与粉料的化学性质不匹配，则会影响涂层在高温下的化学稳定性。黏结剂按其在浇注温度下形成的化合物可分为酸性黏结剂，如水玻璃、硅溶胶（常温下为碱性），以及硅酸乙酯水解液（在高温下形成 SiO_2，属于酸性）、中性黏结剂（是指天然的或合成的有机物和铝、铬、铁等金属盐类，如硝酸铝等，分别形成碳及中性氧化物 Al_2O_3 等，属于中性）、碱性黏结剂（主要指镁、钙等金属盐类，如 $Ca_3(PO_4)_2$ 等最终形成 CaO，属于碱性）。

适宜作涂料用的黏结剂品种较多，可分为无机黏结剂和有机黏结剂两大类。前者可称为高温黏结剂，后者可称为低温黏结剂。每种黏结剂中又可分为亲水型和憎水型两种。可用于涂料的黏结剂及相应的种类如表 6.2 所示。

表 6.2　可用于涂料的黏结剂及相应的种类

黏结剂分类		可用于涂料的黏结剂
无机黏结剂	亲水型	黏土、膨润土、水玻璃、硅溶胶、磷酸盐、硫酸盐、聚合氯化铝
	憎水型	有机膨润土
有机黏结剂	亲水型	糖浆、纸浆废液、糊精、淀粉、聚乙烯醇缩乙醛（PVA）、聚醋酸乙烯乳液（乳白胶）、水溶性酚醛树脂、天然树胶、烯丙烯酸
	憎水型	沥青、煤焦油、松香、酚醛树脂、桐油、合脂油、硅酸乙酯、聚乙烯醇缩丁醛（PVB）

悬浮剂：是指具有使固体分散，并使之悬浮在载液中的能力的物质。在无机悬浮剂中，应用最为广泛的是膨润土；在有机悬浮剂中，羧甲基纤维素钠（CMC）、聚乙烯醇缩丁醛（PVB）分别在水基和醇基涂料应用较为广泛。

其中，CMC 具有吸湿性，在空气中有潮解性，对酸、碱、盐稳定，具有碱溶性和水溶性，能形成高黏度的胶体溶液。CMC 是一种阴离子型电解质，不会发酵，有一定热稳定性。在水基涂料中，CMC 是良好的悬浮稳定剂和黏结剂。

下面根据正交实验给出四因素三水平表，其中表 6.3 适用于配制有色合金水基涂料，表 6.4 适用于配制铸铁件水基涂料，表 6.5 适用于碳钢件消失模水基涂料，表 6.6 适用于高锰钢件水基涂料。

以表 6.3 为例进行说明，四因素分别为乳白胶（A）、硅溶胶（B）、膨润土（C）、CMC（D）；三水平分别为各因素下三种不同的百分含量。表 6.3 中，耐火材料为石英粉（120～200 目），表中涉及的其他物质质量均以石英粉为基（按照石英粉100%）进行计算。

根据表 6.7 给出的配方进行配比。

表 6.3　$L_9(3^4)$ 因素水平表 （一）

水　平	因　素			
	乳白胶 （A）	硅溶胶 （B）	膨润土 （C）	CMC （D）
1	1	4	2	0.2
2	2	5	3	0.3
3	3	6	4	0.4

注：①耐火材料：石英粉 100%（120~200 目）；②乳白胶、CMC 百分比浓度 2%。

表 6.4　$L_9(3^4)$ 因素水平表 （二）

水　平	因　素			
	硅溶胶 （A）	乳白胶 （B）	膨润土 （C）	熔剂 （D）
1	4	1	1	3
2	5	2	2	4
3	6	3	3	5

注：①耐火材料：石英粉 10%，铝矾土 90%（120~200 目）；②熔剂：CaF_2 粉。

表 6.5　$L_9(3^4)$ 因素水平表 （三）

水　平	因　素			
	膨润土 （A）	PVA （B）	水玻璃 （C）	熔剂 （D）
1	2	1	4	3
2	3	1.5	5	4
3	4	2	6	5

注：①耐火材料：高铬刚玉 100%；②熔剂：CaF_2 粉；③PVA——聚乙烯醇缩乙醛。

表 6.6　$L_9(3^4)$ 因素水平表 （四）

水　平	因　素			
	PVA （A）	白泥 （B）	水玻璃 （C）	熔剂 （D）
1	2	2	2	1
2	3	3	3	2
3	4	4	4	3

注：①耐火材料：高铬刚玉 100%；②熔剂：Fe_2O_3 粉；③PVA 使用浓度 2%~4%。

表 6.7　须按正交 $L_9(3^4)$ 因素水平表选择涂料配方

序号	1	2	3	4	5	6	7	8	9
配方	A_1B_1 C_1D_1	A_1B_2 C_2D_2	A_1B_3 C_3D_3	A_2B_1 C_2D_3	A_2B_2 C_3D_1	A_2B_3 C_1D_2	A_3B_1 C_3D_2	A_3B_2 C_2D_3	A_3B_3 C_1D_1

3. 实验材料和设备

（1）实验材料：乳白胶，硅溶胶，膨润土，CMC，石英粉，硅溶胶，铝矾土，CaF_2 粉，钠基膨润土，PVA，硫酸铝，磷酸二氢铝，高铬刚玉，Fe_2O_3 粉等。

（2）实验设备：制样机、涂料搅拌仪器、STZ 直读型透气性测定仪、涂料强度测定仪、自动控制电阻炉、NDJ-1 型旋转式黏度计等。

4. 实验方法和步骤

（1）自行设计涂料配方。

（2）按设计配方准备所需原材料，并完成制备过程。

（3）测定涂料密度。

涂料的密度是指涂料的质量对其体积的比值，它反映了涂料中固体物质含量。

密度的测量采用量筒称量法。首先称量筒的质量，然后往量筒中倒入配制好的涂料至 100 ml 标高处，再进行称量。涂料密度可按下式计算：

$$d = \frac{m_2 - m_1}{V} \times 100\%$$ (6.1)

式中，d——涂料密度（g/cm³）；

　　　　m_1——空量筒的质量（g）；

　　　　m_2——装涂料后量筒的质量（g）；

　　　　V——涂料的体积（cm³），本试验取 100 cm³。

（4）测定涂料的悬浮性。

涂料的悬浮性是指涂料抵抗固体耐火骨料分层和沉淀的能力。

悬浮性采用静置法测定，在 100 ml 量筒中测涂料静置 1 h、2 h、3 h 沉淀所占体积比，用%表示。悬浮性可用下式计算：

$$悬浮性 = \frac{100 - V'}{100} \times 100\%$$ (6.2)

式中，V'——量筒中涂料上部澄清液体的体积（ml）。

（5）测定涂料的 pH 值。

涂料层属于多元体系，涂料的 pH 值用来表示其中含有的耐火材料、黏结剂、悬浮剂和其他附加物的酸碱性，取值范围为 0~13。

由于涂料的各组分的性能，高分子悬浮剂的溶解度和悬浮能力，黏结剂的黏结特性和涂料本身的稳定性多取决于体系的 pH 值，因此在选用原材料和配制涂料时必须测其 pH 值，并估计对其他组成物和涂料的影响，从而保证涂料工艺性能的稳定。

通常采用氢离子浓度倒数的对数来表示氢离子浓度 $[H^+]$，这个数值被称为氢离子浓度指标，用符号 pH 表示：

$$pH = -\lg [H^+]$$ (6.3)

pH 值可用来代表涂料的酸碱性。中性时 pH＝7，酸性时 pH<7，碱性时 pH>7。pH＝8～10 时涂料使用效果较好。

本实验采用比色法，即有特殊的液体指示剂或试纸，滴入或浸入涂料，随着涂料 pH 值的不同而改变颜色。

（6）测定涂料的透气性。

透气性在 STZ 直读型透气性测定仪上测定，涂层干态透气性的具体操作如下。

①制作 $\phi50$ mm×50 mm 水玻璃砂的标准试样。水玻璃砂的制作如表 6.8 所示。

表 6.8　水玻璃砂的制作

型砂/%	水玻璃/%	膨润土/%	混制时间/min
100	8	4	5

称混制好的型砂 160～165 g，倒入圆柱试样筒内，用冲样器锤击 3 次，制出标准的圆柱试样。

②将制作好的标准试样放入烘箱在 120 ℃烘 2 h，取出后冷却至室温，在 STZ 直读型透气性测定仪上测定透气性。

③将测定过透气性的水玻璃标准试样涂上所配制的涂料，涂层厚度控制在 2 mm 左右，之后放入烘箱在 100 ℃烘 10 min。

④在 STZ 直读型透气性测定仪上测定带干涂料层的圆柱试样的透气性。

⑤记录所测得的数据于表 6.9。

表 6.9　透气性测试数据记录表

水玻璃砂标准圆柱 试样透气性（k_0）	带干涂料层的水玻璃砂标准 圆柱试样透气性（k_1）	涂料层厚度（δ）/mm			
		1 点	2 点	3 点	平均

注：涂料层上任取 3 点。

⑥按下式计算涂料的透气性 $k_{涂}$：

$$k_{涂}=\delta/\left(\frac{h+\delta}{k_1}-\frac{h}{k_0}\right) \qquad (6.4)$$

式中，δ——涂层厚度（mm）；

　　　h——圆柱试样高度（mm）；

　　　k_0——未上涂料圆柱试样透气性；

　　　k_1——上涂料圆柱试样透气性。

（7）测定涂层强度。

涂层强度一般采用涂料层的耐磨损能力来表示。本实验采用流砂冲击法进行测定，即由流砂杯向涂有 2 mm 涂料层的玻璃板上落砂（30/70 目），直至擦破涂层露出玻璃板为止，称出落砂总量，作为判断涂层强度的定量指标。具体装置如图 6.3 所示。

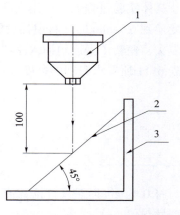

1—流砂杯；2—有涂料层的玻璃板；
3—试验箱。

图 6.3　测定涂层强度的装置

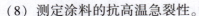

（8）测定涂料的抗高温急裂性。

抗高温急裂性的测定是将 $\phi50\ mm\times50\ mm$ 的水玻璃砂干型圆柱试样浸入涂料形成 2 mm 左右的涂层，放入烘箱在 100 ℃烘 10 min，干燥后放入 1 200 ℃的高温炉中急热 2 min，取出观察涂层开裂情况。涂料层的裂纹等级如表 6.10 所示。

表 6.10　涂料层的裂纹等级

等级	说明
Ⅰ级	表面光滑无裂纹或只有微小裂纹，涂层与基体试样间无剥离现象
Ⅱ级	涂层有树枝状或网状细小裂纹，裂纹宽度小于 0.5 mm，无剥离现象
Ⅲ级	表面有树枝状或网状裂纹，裂纹宽度小于 1 mm，裂纹较深，沿横向（即水平圆周方向）或纵向无贯通性粗裂纹，涂料和基体试样之间无明显剥离现象
Ⅳ级	表面有树枝状或网状裂纹，裂纹宽度大于 1 mm，横向或纵向都有贯通性裂纹，涂层和基体试样之间有剥离现象

（9）测定涂料的触变性。

触变性是采用 NDJ-1 型旋转式黏度计测量涂料的表面黏度随时间的变化情况，即触变性曲线。其测量范围是 10~100 000 cP，具有 4 挡转速，配备 4 种转子。刻度盘读数范围为 0~100；最小分度值为 0.5。被测流体的黏度是通过黏度计转子在该流体中旋转时受到黏滞力（切应力）经换算得出的，换算公式为

$$\mu = K \cdot S \tag{6.5}$$

式中，μ——黏度（cP）。

K——转子号数及转速所决定的系数（本实验采用 3 号转子，转速为 6 r/min，测量范围为 2 000~20 000，K 取 200）；

S——仪器读数值。

具体实验过程如下：用气泡水平仪校正黏度计使之水平，装上 3 号转子，在黏度计变速器变换到 6 r/min 时，将搅拌后的涂料移到 DNJ-1 型旋转式黏度计下静置 10 min。旋下黏度计表头，使转子慢慢地插入涂料中，使涂料液面与转子上规定的标记齐平。开启黏度计，记录表 6.11 所要求时间的黏度计指针读数值 S。

表 6.11　规定时间的黏度计指针读数值

时间/min	0.5	1.5	2.5	3	4	5	6	7	8	9	10
S											

将 0.5 min 时黏度计读数值（S）与 10 min 时黏度计读数值（S'）代入下式计算，可得触变性数值：

$$触变性 = \frac{S-S'}{S} \times 100\% \tag{6.6}$$

5. 实验分组

每 6 人为 1 组，进行设计、制备和测试并总结数据。

6. 实验报告

（1）填写所设计涂料的耐火填料、黏结剂及悬浮剂的名称、用量。

（2）根据实验结果，记录本人涂料配方于表 6.12，整理实验数据于表 6.13。

表 6.12　涂料的种类及配方

涂料种类	实验序号	因素			
		（A）	（B）	（C）	（D）

表 6.13　实验性能测试数据

涂料性能		实验结果
密度/（g·cm⁻³）		
悬浮性/%	1 h	
	2 h	
	3 h	
pH 值		
透气性		
涂层强度/g		
抗高温急裂性		
触变性		

（3）根据悬浮性测试数据，在图 6.4 中绘出悬浮性曲线。

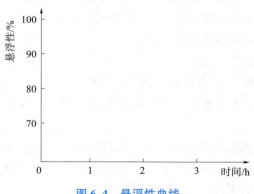

图 6.4　悬浮性曲线

（4）根据触变性测试数据，在图 6.5 中绘制出触变性曲线。

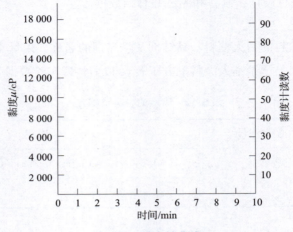

图 6.5　触变性曲线

7. 课后作业

（1）如何确定消失模铸造非铁金属合金件、铸铁件、碳钢件、高锰钢件耐火填料的选择，为什么？

（2）消失模铸造涂料与普通砂型铸造涂料有何不同，为什么？

6.3　消失模聚苯乙烯模样及浇注系统的设计与制作

6.3.1　概述

消失模铸造是将若干个与铸件尺寸形状相似的泡沫模样黏结组合成模样簇，刷涂耐火涂料并烘干后，埋在干石英砂中振动造型，在负压下浇注，使模样气化，金属液占据模样位置，凝固冷却后形成铸件的新型铸造方法。消失模铸造是一种近无余量、精确成型的新工艺，并减少了由型芯组合而造成的尺寸误差。

消失模铸造可以分为以下两类。

（1）用板材加工成型的气化模铸造。其主要特点如下。

①模样不用模具成型，而是采用市售的泡沫板材，用数控加工机床分块制作，然后黏合而成。

②通常采用树脂砂或水玻璃砂作填充砂，也可以采用干砂负压造型。这种方法主要适用于单件、小批量中大型铸件的生产，如汽车覆盖件模具、机床床身等。上海地区曾成功地用这种方法浇注 50 t 的铸钢件和 32.5 t 的铸铁件。

人们通常把这一类方法称为 FMC（Full Mould Casting）法。

（2）用模具发泡成型的消失模铸造。其主要特点是模样在模具中成型和采用干砂负压造型。这种方法主要适用于大批量中小型铸件的生产，如汽车、拖拉机铸件，管接头，耐磨件。人们通常称这种方法为 LFC（Lost Foam Casting）法。

LFC 法主要工艺过程如图 6.6 所示，包括：泡沫模样的制造，模样及浇注系统黏合，上涂料，填砂、振动紧实，浇注，取出铸件。

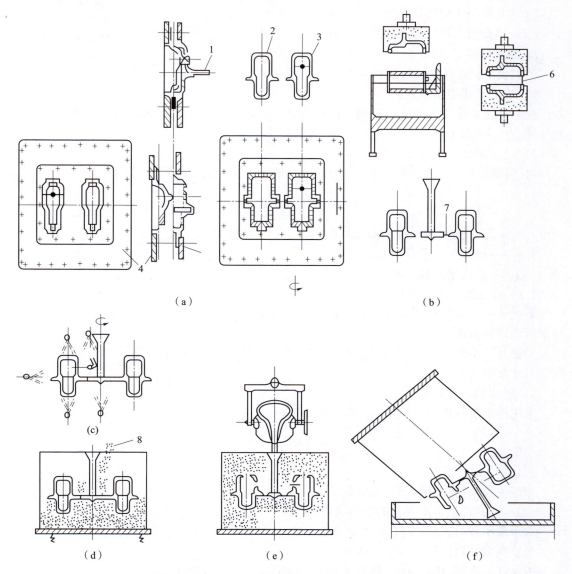

（a）

（b）

（c）

（d）

（e）

（f）

1—注射预发泡珠粒；2—左模片；3—右模片；4—凸模；5—凹模；
6—模片与模片黏合；7—模片与浇注系统黏合；8—干砂。

图 6.6 LFC 法主要工艺过程

（a）泡沫模样的制造；（b）模样及浇注系统黏合；（c）上涂料；
（d）填砂、振动紧实；（e）浇注；（f）取出铸件

6.3.2　实验项目：消失模聚苯乙烯模样及浇注系统的设计与制作

微课视频　消失模聚苯
乙烯模样及浇注系统
的设计与制作

1. 实验目的

（1）加强对消失模铸造工艺制作铸件的认识。

（2）掌握消失模铸造铸件聚苯乙烯模样的制作方法。

（3）掌握消失模铸造浇注系统、冒口的工艺特点及设计计算方法。

2. 实验内容及原理

消失模浇注系统的设计计算如下。

1）浇注系统类型的选择

根据浇注系统类型的选择原则，设计浇注系统类型。采用封闭底注式浇注系统，$A_{直}$：$A_{横}$：$A_{内}=1.2：1.1：1.0$。

2）浇注系统的设计计算

对于铸铁件，采用公式法计算阻流截面（即最小界面），计算公式如下：

$$A_{阻} = \frac{m}{0.31\mu t \sqrt{H_p}} \qquad (6.7)$$

式中，$A_{阻}$——浇注系统中最小断面总面积（cm^2），本设计 $A_{阻}=A_{内}$；

　　m——金属液总质量（kg）；

　　μ——总流量系数，取 0.50；

　　t——浇筑时间，取 5 s；

　　H_p——平均计算压力头，对于底注式浇注系统，$H_p = H_0 - P/2$，H_0 为总压头，即铸件底部至浇口杯液面的距离，P 为铸件高度。

根据计算出的 $A_{内}$，计算出 $A_{横}$ 和 $A_{直}$，再查《铸造手册》，确定直浇道、横浇道、内浇道截面尺寸及形状。

3）冒口的设计计算

采用模数法计算铸件模数，计算公式如下：

$$M = \frac{V}{A} \qquad (6.8)$$

式中，M——铸件模数；

　　V——铸件被补缩部位的体积；

　　A——铸件被补缩部位的散热表面积。

对于顶明冒口，$M_{冒} = (1.1 \sim 1.2)M_{件}$（$M_{冒}$：冒口模数；$M_{件}$：铸件模数）。

对于侧暗冒口，$M_{件}：M_{颈}：M_{冒} = 1：1.1：1.2$（$M_{颈}$：冒口颈模数）。

根据计算出的 $M_{冒}$，查《铸造手册》，确定冒口的形状及尺寸。设定材料的收缩率为 5%，可查出冒口的补缩体积和补缩质量。

3. 实验材料和设备

（1）实验材料：聚苯乙烯泡沫板，黏结剂，修补膏，圆钉等。

（2）实验设备：聚苯乙烯泡沫切割机、调压器、钢板尺、工具刀、锯条等。

4. 实验方法和步骤

（1）根据给定的铸件图或铸件模样制作聚苯乙烯泡沫模样。

（2）确定一箱内铸件的数量，根据铸件的结构及数量，设计浇注系统的类型、冒口的样式。

（3）计算浇注系统和冒口的尺寸，并画出断面示意图。

（4）制作浇注系统及冒口聚苯乙烯泡沫模样。

（5）将铸件与浇注系统和冒口黏结起来，制成聚苯乙烯泡沫模样簇。

5. 实验分组

每 6 人为 1 组，进行浇注系统设计和模样制作。

6. 实验报告

（1）浇注系统类型的选择原则。

（2）计算浇注系统和冒口的尺寸。

（3）画出示意图。

（4）叙述实验操作过程。

7. 课后作业

对铸件的质量及影响因素进行分析。

6.4 熔模铸造–压型蜡模的制作及浇注系统的设计

6.4.1 概述

熔模铸造又称失蜡铸造，是用熔模材料制成熔模样件并组成模组，然后在模组的表面涂敷多层耐火材料，等待干燥固化后，再将模组加热至熔出模料，经高温焙烧后浇入金属液即得熔模铸件的方法。

熔模铸造已经有两千多年的历史，从我国早期制作的青铜工艺制品至今，现在已广泛地应用于各个行业，如兵器船舶、航空航天、机械制造、家用电器、仪器仪表及石油化工等。

1. 浇注系统的作用和要求

（1）把金属液引入型腔。要求：易氧化的合金应尽量充填平稳，以防止氧化和卷入气体现象产生；尽量保证薄壁铸件充填良好，避免产生冷隔、浇不足的现象。

（2）补充金属液凝固时的体积收缩。要求：浇注系统必须确保在补缩时通道畅通无阻，并能为铸件提供必需的补缩金属液，以防止铸件内部出现缩孔和疏松现象。

（3）在组焊和制壳时起支撑易熔模和型壳的作用。要求：确保足够的强度，以避免制壳过程中易熔模脱落的现象。

（4）起液体模料流出的通道作用。要求：浇注系统需要确保排除模料过程的顺畅。

2. 浇注系统的结构

在保证制模、组焊、制壳、切割等工序操作顺畅的情况下，应尽可能简化压型结构，应尽可能提高铸件工艺出品率，并且保证铸件质量。

6.4.2　实验项目：熔模铸造–压型蜡模的制作及浇注系统的设计

微课视频 熔模铸造–压型
蜡模的制作及浇注
系统的设计

1. 实验目的

（1）加强对熔模铸造工艺制作蜡模的认识。

（2）掌握熔模铸造铸件蜡模模样的制作方法。

（3）掌握蜡模铸造浇注系统、冒口的工艺特点及设计计算方法。

2. 实验内容及原理

（1）确定浇注系统的类型。

本实验采用直浇道补缩铸件的侧注法浇注系统，即直浇道–内浇道浇注系统。

（2）计算铸件的质量和热节处的模数，确定内浇口的长度、形状及断面尺寸，计算内浇口模数。

根据铸件的结构、材料特点，确定铸件的质量 $G_{件}$，热节处的模数 $M_{件}$。模数的确定可参照《铸造手册》。

确定内浇口的截面形状及长度，截面形状可选为矩形或圆形，长度一般选为 6~15 mm。截面为矩形的模数：

$$M_{内} = \frac{ab}{2(a+b)} \tag{6.9}$$

截面为圆形的模数：

$$M_{内} = \frac{D_{内}}{4} \tag{6.10}$$

式中，a、b——矩形截面尺寸（mm）；

$\quad\quad D_{内}$——内浇道的直径（mm）。

（3）计算直浇道截面模数及直径，选取标准直浇道，同时确定直浇道高度及外浇口。

采用如下经验公式计算直浇道：

$$M_{直} = \frac{K\sqrt[4]{M_{件}^3}\sqrt[3]{L_{内}}}{M_{内}} \tag{6.11}$$

式中，$M_{内}$——内浇道截面的模数（mm）；

$\quad\quad M_{直}$——直浇道截面的模数（mm）；

$\quad\quad M_{件}$——铸件热节处的模数（mm）；

$\quad\quad L_{内}$——内浇道的长度（mm）；

$\quad\quad K$——比例系数，中碳钢 $K=2$，硅黄铜 $K=1.8$，铝硅合金 $K=1.6$。

确定直浇道的直径 $D_{直}$：

$$D_{直} = 4 \cdot M_{直}(\text{mm}) \tag{6.12}$$

查《铸造手册》选取标准直浇道，同时确定直浇道高度 h。

（4）确定熔模组实际组合熔模的最大数量。

根据如下公式计算：

$$n_{max} = \frac{A_{直}h(0.2-\beta)}{\beta W/\rho} \tag{6.13}$$

式中，n_{max}——熔模组的熔模最大数量；

$A_{直}$——直浇道截面积（cm^2）；

h——直浇道高度（cm）；

W——单个铸件质量（g）；

ρ——合金密度（g/cm^3）；

β——合金的体收缩系数，中碳钢 $\beta=4\%$，硅黄铜 $\beta=5\%$，铝硅合金 $\beta=5.6\%$。

要求模组熔模数量：$n_{实际}<n_{计算}$。

根据所确定和计算的结构，绘制模组示意图。

3. 实验材料和设备

（1）实验材料：石蜡–硬脂酸蜡料等。

（2）实验设备：压蜡机、压型、直浇道棒、化蜡槽、电烙铁、电热板、锯条等。

4. 实验方法和步骤

（1）利用压型和压蜡机制作蜡模模样。

（2）确定一组蜡模簇中铸件的数量，根据铸件的结构及数量，设计浇注系统的类型、冒口的样式。

（3）计算浇注系统和冒口的尺寸并画出断面示意图。

（4）制作浇注系统及冒口模样。

（5）将铸件与浇注系统和冒口黏结起来，制成蜡模模样簇。

5. 实验分组

每6人为1组，进行浇注系统设计、计算和制备蜡模并总结。

6. 实验报告

（1）画出铸件及浇注系统结构示意图。

（2）计算浇注系统和冒口的尺寸并画出断面示意图。

（3）叙述实验操作过程。

（4）对浇注系统的特点进行分析。

7. 课后作业

（1）计算铸件的质量和热节处的模数，确定内浇口的长度、形状及断面尺寸，计算内浇口模数。

（2）根据所确定和计算的结构，绘制模组示意图。

第 7 章　专业工程实训

7.1　Al 合金挤压成型及热处理实训

7.1.1　概述

  Al 合金半成品生产中，挤压是主要的成型工艺之一，挤压产品（如型材、管板、少量的线材、棒材等）占全部半成品的 30% 左右。Al 合金挤压型材、管材、棒材等广泛应用于建筑、汽车、电机等工业领域，如图 7.1 所示。

图 7.1　Al 合金挤压型材

  Al 合金热挤压的相关内容见本书 5.7 节，此处不再赘述。

7.1.2　实训项目：Al 合金挤压成型及热处理

1. 实训目的
运用所学的材料成型原理及工艺的相关知识，对材料的熔炼、挤压、热处理等工艺过程

134

进行设计，培养观察、分析和解决问题的实际应用能力和实践操作技能。

2. 实训内容

（1）选定 Al 合金种类并概述其性能和应用。

（2）制订 Al 合金的铸造、挤压和热处理的实验方案。

（3）Al 合金的熔炼及金属型铸造。

（4）Al 合金铸件组织与性能的测试与分析。

（5）Al 合金铸件的挤压成型。

（6）挤压件组织与性能的测试与分析。

（7）挤压件的固溶时效热处理。

（8）挤压件的热处理组织与性能的测试与分析。

（9）Al 合金铸件、挤压件和热处理件常见缺陷的预防及补救方法。

3. 实训材料和设备

（1）实训材料：Al、Si、Cu、型砂、砂纸等。

（2）实训设备：卧式挤压机、CMT-5005 电子万能试验机、SX2-14-13 实验电阻炉、焙烧炉、硬度计、金属型、砂铸模样、手锯、抛光机、金相显微镜等。

4. 实训方法和步骤

以 6063 Al 合金为例进行分析。

1）Al 合金的熔炼和浇注工艺设计

由于 Al 合金的熔点低，熔炼时极易氧化、吸气，其中的低沸点元素（如 Mg、Zn 等）极易烧损，因此 Al 合金的熔炼应在与燃料和燃气隔离的状态下进行。Al 合金熔炼时配料应精确计算：熔炼 Al 合金的炉料包括金属炉料（新料、中间合金、旧炉料），溶剂（覆盖剂、精炼剂、变质剂）和辅助材料（指坩埚及熔炼浇注工具表面上涂的涂料）。配料计算主要是如何搭配金属材料，以满足合金质量要求。

（1）熔炼和浇注。

①金属型预处理：对金属型进行预处理，将金属型和钟罩用钢丝刷清理干净后放入焙烧炉中烘干、预热，达到预定温度后对金属型和钟罩刷涂料。金属型干燥预热，预热温度 200~300 ℃。

②炉料处理：炉料使用前应进行清理，以去除表面的锈蚀、油脂等污物。所有的炉料在入炉前均应预热，以去除表面附的水分，缩短熔炼时间。

③坩埚及熔炼工具的准备：新坩埚使用前应清理干净，仔细检查有无穿透性缺陷，且应吹砂，并预热至暗红色（500~600 ℃）保温 2 h 以上，以烧除附着在坩埚内壁的水分及可燃物质。待冷到 300 ℃以下时，仔细清理坩埚内壁，在温度不低于 200 ℃时喷涂料。坩埚要烘干、烘透才能使用。压勺、搅拌勺等熔炼工具使用前必须除尽残余金属及氧化皮等污物，经过 200~300 ℃预热并涂以防护涂料，以免与 Al 合金直接接触，污染 Al 合金。

④熔炼温度的确定：熔炼温度过低，不利于合金元素的熔解及气体、夹杂物的排出，增加形成偏析、冷隔、欠铸的倾向，还会因冒口热量不足，使铸件得不到合理的补缩；熔炼温度过高不仅浪费能源，更严重的是因为温度越高，吸氢越多，晶粒也越粗大，Al 的氧化越严重，一些合金元素的烧损也越严重，从而导致合金的机械性能的下降，铸造性能和机械加工性能恶化，变质处理的效果削弱，铸件的气密性降低。实践证明，把合金液快速升温至较

高的温度，进行合理的搅拌，以促进所有合金元素的熔解，扒除浮渣后降至浇注温度，这样，偏析程度最小，熔解的氢最低，有利于获得均匀致密、机械性能高的合金。

⑤熔炼时间的确定：为了减少 Al 熔体的氧化、吸气和 Fe 的熔解，应尽量缩短 Al 熔体在炉内的停留时间，快速熔炼。从熔化开始至浇注完毕，砂型铸造不超过 4 h，金属型铸造不超过 6 h。为加速熔炼过程，应首先加入小块铝锭，以便在坩埚底部尽快形成熔池，然后加入大块纯铝锭，使它们能缓慢浸入逐渐扩大的熔池，很快熔化。在炉料主要部分熔化后，再加熔点较高、数量不多的合金，升温、搅拌以加速熔化。最后降温，压入易氧化的合金元素，以减少损失。

⑥精炼处理：Al 合金在熔炼时，极易氧化生成 Al_2O_3，其氧化物比重和合金液比重相近，如果依靠金属熔体自身的上浮或下沉是难以去除的，很容易使铸件形成夹渣。另外，Al 合金在高温时极易吸氢，将会使铸件形成气孔。因此，炉料的准备工作很重要。待炉料熔化后，需对合金熔体进行精炼处理，首先将旧渣扒去，再以钟罩压入预热好的精炼剂，用量为铝液重的 0.3%~0.4%，精炼处理温度为 730~750 ℃。分两次加入，分别在变质前后加入。

（2）熔铸过程。

①将所准备纯铝加入坩埚中，将温度调至 500 ℃，保温，预热，除气，除油，打开炉盖 5 min 左右后盖上炉盖。

②将温度升至 800 ℃，待纯铝全部熔化为铝液后，用铁勺将准备的硅加入铝液中，并压入铝液至全部被覆盖，并依次将 Cu、Ni 加入铝液中。

③使温度保持在 800 ℃，隔一段时间观察 Si 是否熔化，待其全部熔化才可出炉进行后续处理（大约 3 h）。

④待 Si 全部熔化后，将仪器关闭，将坩埚出炉，用铝箔包住金属 Mg 放入钟罩内，然后压入铝液中（切记必须全部压入铝液内，不能与空气接触）。

a. 待 Mg 完全熔化后，向铝液中加入精炼剂（C_2Cl_6），精炼除气、除渣，然后扒渣（扒渣必须彻底），为变质作准备。

b. 精炼结束后，加入变质剂（Al–P 变质剂），然后保温 10 min 左右。

c. 变质结束后，加入精炼剂再次精炼，准备浇注。

d. 浇注 $\phi80$ mm×220 mm 铝锭 2 个，待用。

e. 待铸锭冷却后，将缩孔部分切去。

熔炼流程如图 7.2 所示。

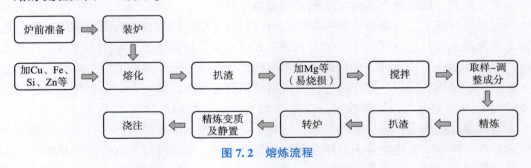

图 7.2 熔炼流程

（3）铸件均匀化退火。

均匀化退火：铸造过程中，非平衡凝固导致成分不均匀，形成非平衡凝固组织效应

（如非平衡组织、粗大析出相、淬火效应等），造成铸件性能不均匀、塑性差、变形抗力大及耐蚀性差。为了减少铸件化学成分的偏析和组织的不均匀性，在略低于固相线温度进行长时间保温，然后进行缓慢冷却的处理方法称为均匀化退火，是一种可以实现化学成分和组织均匀化的退火工艺。

铝锭均匀化退火过程：将 Al 合金铸锭放入 SX2-14-13 实验电阻炉中（两铸件在炉中不要接触，留有一定距离，铸件与炉壁不能接触），将温度升到 540 ℃保温 6 h，然后随炉冷却。均匀化退火工艺流程如图 7.3 所示。

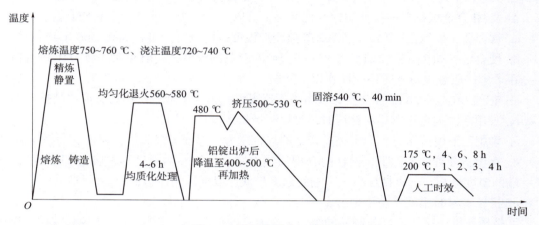

图 7.3 均匀化退火工艺流程

2）挤压工艺设计

（1）锭坯尺寸的选择。锭坯的尺寸（直径和长度）越大，则制品越长，切头尾的损失和挤压机的辅助时间所占比例越小。为了获得最小挤压力，较合理的方法是增加锭坯的长度。但过分增加锭坯的长度可能会使挤压后期金属显著冷却，导致制品的组织和性能很不均匀，甚至还会由于金属熔体的冷却，出现挤不动的情况。因此，选择的锭坯尺寸直接影响挤压制品的质量和生产过程的技术指标。

①挤压系数。挤压时的变形程度一般用挤压系数 λ 表示（挤压系数也称延伸系数或挤压比）：

$$\lambda = \frac{F_{\mathrm{M}}}{\sum F_{\mathrm{P}}} \tag{7.1}$$

式中，F_{M}——挤压筒的断面面积（mm^2）；

$\sum F_{\mathrm{P}}$——挤压制品的总面积（mm^2）。

为了满足组织和力学性能的要求，一般 $\lambda \geq 8$。型材的 $\lambda = 10 \sim 45$，棒、带材的 $\lambda = 10 \sim 25$，二次挤压用锭坯的 λ 可不限制。

②锭坯直径。根据选用的合理挤压系数即可初步确定锭坯断面尺寸。一般挤压中，锭坯的直径为挤压筒直径的 0.87~0.95。

锭坯的直径一般应在满足制品断面力学性能要求和均匀性的前提下尽可能采用小的挤压系数来确定。但是挤压断面复杂或外接圆大的型材，要考虑模孔的轮廓不能太靠近挤压筒壁，以免在制品上出现分层。在多模孔挤压时，除上述条件外还应考虑孔与孔之间的距离，以保证模具的强度。

(2) 挤压工艺参数的确定。热挤压工艺参数主要是温度和速度。参数的选择，对挤压制品的组织、性能及技术指标都有很大的影响。

①挤压温度范围。挤压时合理的温度范围，可使材料具有最好的塑性，较低的变形抗力，以及保证制品能获得均匀良好的组织结构和力学性能。在不同挤压温度下，铝挤压制品的力学性能随着挤压温度的升高，硬度下降（相应抗拉强度也下降），伸长率增高。当温度达到 500 ℃以上时，伸长率开始下降，这是由于晶粒长大。

Al 及 Al 合金根据单向拉伸塑性变化情况，可以分为两类，即软合金和硬合金。

a. 软合金，如纯铝、3A21、5A02 等热变形温度范围较宽，可在 300~500 ℃进行挤压。

b. 硬合金，如 2A11、2A12、7A04 等变形温度范围较窄，一般在 350~450 ℃进行挤压。在考虑挤压温度范围时还应注意以下问题。

a. 生产 7A04 及 2A12 合金型材，当挤压比很大时，为了减少挤压力，应提高挤压温度。

b. 采用润滑剂挤压或反向挤压时，可以降低挤压温度。

c. 采用舌形模挤压时，为了提高合金的焊合能力，保证焊缝质量，应该提高挤压温度。

d. 在设备允许的条件下，锭坯的合理加热方法是使锭坯的温度形成梯度即靠近挤压模子一端的温度最高，远离挤压模子一端的温度最低，以保证制品组织性能的均匀性。

e. 挤压管材时温度略高于型材。

②挤压速度。挤压速度与制品的组织、性能之间的关系，主要是通过影响金属的热平衡来体现的。挤压速度低，金属热量逸散得多，造成挤压制品内部出现加工组织；挤压速度高，热量来不及逸散，有可能形成绝热挤压过程，使金属温度不断升高。一般情况下，挤压速度越高，温升就越大。

一般在确定铝合金挤压速度时，应考虑以下情况。

a. 合金的挤压速度可按下面顺序渐增：5A06、7A04、2A12、2A14、5A05、2A50、5A03、6A02、6A51、5A02、6063、3A21、1070~1200，但其临界挤压速度受锭坯质量和挤压规程的限制。

b. 挤压温度越高，挤压速度越低。

c. 挤压筒尺寸、制品尺寸及挤压系数的增加均会降低挤压速度。

d. 多孔挤压比单孔挤压速度低。

e. 采用润滑、反向挤压可提高挤压速度。

③挤压过程中的温度、速度控制。热挤压温度和速度之间有着紧密的联系。在挤压温度高而挤压速度快的情况下，不均匀流动严重，附加应力大，制品容易出现裂纹，尤其是高温塑性较差的合金，对挤压速度特别敏感。高温塑性好的合金，挤压速度大时虽不出现裂纹，但往往因为流出速度很大而出现漏斗状缩尾，导致成品率下降。因此在挤压温度高时，需要适当地控制挤压速度；在挤压温度低时，可以提高挤压速度。例如，冷挤压合金流动较均匀，可以几倍甚至几十倍地提高挤压速度。对温度、速度敏感的合金（如硬铝等）可采取以下温度、速度控制技术。

a. 锭坯梯温加热。使锭坯在长度上或断面上的加热温度有一梯度，常采用的是沿长度上的梯温加热。合理的梯温加热制度可以在长度上获得组织和力学性能比较均一的制品。

b. 控制工具温度。采用挤压筒和模子水冷的方法将变形区中的变形热和摩擦热通过工具逸散掉。通过实验发现，用水冷模具挤压硬铝时可使金属流出速度提高 20%~30%。但由于结构上和技术上的困难以及对减少热效应并不显著等原因，水冷模具没有获得实际应用。目前，采用的是冷却挤压筒内衬端部，即冷却在挤压过程中发热量最大的变形区部位，或冷却模支承。

c. 调整挤压速度。通过调整挤压速度控制变形区内金属的温度。在挤压硬铝时，过去常采用的方法就是在挤压后期调整节流阀，降低挤压速度，以免因变形区温升过高而使制品出现裂纹。这种方法的主要缺点是挤压周期长、生产率低。也可以采用低温加热或不加热的锭坯配合高挤压速度的方法，如目前发展的 Al 合金温挤压与冷挤压技术即属此类，但采用这种方法在开始挤压阶段必须施加较大的挤压力。

（3）挤压机。按照总体结构形式的不同，挤压机一般分为卧式挤压机与立式挤压机两大类。目前，用于 Al 及其合金型、棒、带材的挤压机主要是卧式的。按驱动方式的不同，挤压机又可分为油压机和水压机。根据用途与结构的不同，卧式挤压机又分为棒型挤压机和管棒挤压机，或称之为单动式和复动式挤压机，两者之间区别是前者没有独立的穿孔系统。按挤压方法的不同，卧式挤压机又可分成正向挤压机、反向挤压机和联合挤压机（即在此种设备上可以实现正向挤压或反向挤压）3 种类型。正向挤压机与反向挤压机在基本结构上没有原则上的差别。

3）挤压 6063 Al 合金的组织与性能

（1）宏观组织。

6063 Al 合金的宏观组织如图 7.4 所示。

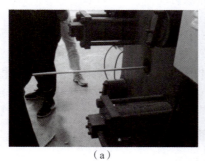

（a）　　　　　　　　　　　（b）

图 7.4　6063 Al 合金的宏观组织

（a）正在挤压的 6063 Al 合金；（b）挤压后的 6063 Al 合金

（2）微观组织。

6063 Al 合金的微观组织如图 7.5 所示。

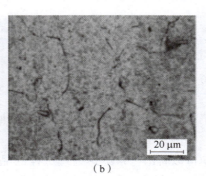

（a）　　　　　　　　　　　（b）

图 7.5　6063 Al 合金的微观组织

（a）挤压态；（b）铸态

用熔铸法制备的合金，其组织为 α–Al(Si)+Si 共晶体，共晶体由粗的针状 Si 晶体和 α–Al（Si）固溶体组成，没有常规铸造组织中的长条状或板条状。铸态 6063 Al 合金经 560 ℃，6 h 退火处理后，其晶粒形态及尺寸变化不明显，Si 相变化小。由此可见，与铸态相比，其 Si 相的尺寸、形貌、分布都比铸态的稍好。与铸态组织相比较，挤压态组织中的 Mg_2Si 较为弥散，均匀分布于 α–Al 基体中，分析认为 Al–Mg–Si 合金受到大的剪切变形而发生细化，该合金的塑性变形以滑移为主，原粗大的晶粒首先沿剪切变形方向被拉成长条状，出现大量位错胞，最终形成细小的晶粒。

（3）力学性能。

拉伸试验是应用最广泛的力学性能试验方法之一，通过拉伸试验可以揭示 6063 Al 合金材料挤压后在静载荷作用下的力学行为，可以测定材料的弹性、塑性、强度、延伸率和韧性等许多重要的力学性能指标。图 7.6 为拉伸试样示意图。

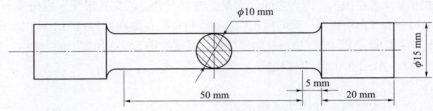

图 7.6 拉伸试样示意图

①试样初始标距：50 mm。试样初始直径：10 mm。

②试验设备：CMT-5005 电子万能试验机。

③试验条件：拉伸速度为 2 mm/min。拉伸时利用自动数据采集系统记录相应的拉伸试验数据，据此可确定出合金的抗拉强度、屈服强度。通过测量拉伸试样变形前和拉伸断裂后的标距长度，可计算出延伸率。

④力学性能：6063 Al 合金挤压后，热处理前后力学性能数据，分别如表 7.1 和表 7.2 所示。

表 7.1 挤压铝合金未热处理力学性能

断后伸长率 A/%	最大力 F_m/kN	抗拉强度 R_m/MPa	上屈服强度 R_{eH}/MPa
32.0	12.72	162	105

表 7.2 固溶+人工时效挤压铝合金性能

断后伸长率 A/%	最大力 F_m/kN	抗拉强度 R_m/MPa	上屈服强度 R_{eH}/MPa
12.0	19.73	250	250

⑤断口形貌：采用 S-3000N 扫描电镜对热处理前后的 6063 Al 合金挤压拉伸试样进行断口形貌观察，如图 7.7 所示。

由图 7.7 可以看出，未经热处理试样的晶粒被拉长或破碎，不再保持原来的大小、形状，断口呈灰色无光泽的纤维状，有时能看见滑移的痕迹。Al 合金拉伸试样断口处存在大量小而深的韧窝，同时没有硬脆相，由此可以推断挤压后的 Al 合金有良好的延展性，这与实验的验证结果相一致。而经热处理和挤压后的 Al 合金试样的断口在宏观上常呈暗灰色纤维状，微观断口特征花样则是断口上分布韧窝，但热处理的组织韧窝较少，使 Al 合金塑性降低。因此，人工时效热处理对 Al 合金的性能有显著的影响。

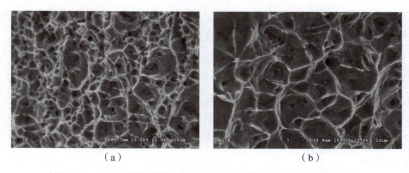
（a）　　　　　　　　　　　　　　　　　　（b）

图 7.7　热处理前后的 6063 Al 合金挤压拉伸试样断口形貌

（a）热处理前（500×）；（b）热处理后（500×）

⑥硬度测试：将挤压后的长棒材切割出 15 mm 试样，平稳地放在工作台上，旋转手轮使试样与钢球紧密接触，直到手轮打滑。硬度试验设备为布氏硬度计，采用直径为 10 mm 的钢球及 250 kg 的载荷进行硬度试验。选择保荷时间为 30 s 之后开启开关，在指示灯亮起的同时，迅速拧紧压紧螺钉。由开关开启至指示灯燃亮为加荷阶段，由指示灯燃亮到熄灭为负荷保持阶段，再从指示灯熄灭到停止为卸荷阶段。最后用显微镜测出压痕的直径，根据布氏硬度表查出试样的硬度值（先记录数值最后一起分析性能）。具体测量结果如表 7.3 所示。

表 7.3　挤压态热处理硬度测试数据

状态	测量次数	硬度　HBW	平均硬度　HBW
挤压态 热处理	1	50	68.2
	2	57	
	3	57	
挤压态 未热处理	1	63	64
	2	64	
	3	65	

屈服强度与硬度有着直接的关系，即屈服强度越大硬度也越大。力学性能的增强主要归功于位错强化、晶界强化和沉淀强化。人工时效后的 6063 Al 合金强度相对较高，硬度较高，塑性较低。

（4）结论。

①由铸态组织金相图可知，Mg 和 Si 形成主要强化相 Mg_2Si，另外铸态合金由过饱和 α-Al 固溶体和非平衡共晶相组成，Al 合金铸锭在铸造过程中通常会产生晶内偏析、区域偏析及形成粗大金属间化合物，铝基体中固溶的主要元素也处于过饱和状态。铸锭中存在较大

的内应力，经测量铸态试样的硬度为52.8 HBW。

②与铸态组织相比较，挤压后组织中的 Mg_2Si 较为弥散，均匀分布于基体 α-Al 中，Al-Mg-Si 合金受到大的剪切变形而发生细化，合金的塑性变形以滑移为主，原粗大的晶粒首先沿剪切变形方向被拉成长条状，出现大量位错胞，最终形成细小的晶粒。挤压后硬度为54.6 HBW。与铸态相比无显著提高，另外挤压后合金抗拉强度为162 MPa、屈服强度为105 MPa、延伸率为32%。

③本实验研究确定的6063 Al 合金较为合适的固溶-时效热处理制度为540 ℃+1.5 h 固溶，水淬，200+6 h，空冷。在此条件下，合金抗拉强度、屈服强度和延伸率分别达到250 MPa、250 MPa 和12%，硬度达到68.2 HBW。人工时效后的6063 Al 合金强度相对较高，硬度较高，塑性较低。挤压并时效处理后比较与铸态和挤压后，Al 合金的强度得到显著提高，但延伸率有一定下降。根据合金相图可知，热处理后析出的硬化相 Mg_2Si 在提高了 Al 合金塑性的同时，其硬度也得到了提高。屈服强度与硬度有着直接的关系，即屈服强度越大，硬度也越大。力学性能的增强主要归功于位错强化、晶界强化和沉淀强化。6063Al 合金挤压棒材晶粒接近等轴状，为再结晶组织，在510~540 ℃范围固溶，晶粒没有明显长大现象。

7.2 消失模铸造工程实训

7.2.1 概述

消失模铸造是把涂有耐火材料涂层的泡沫塑料模样放入砂箱，模样四周用砂充填紧实，浇注时高温金属液使其热解"消失"，并占据泡沫塑料模所退出的空间，最终获得铸件的铸造工艺，如图7.8所示。

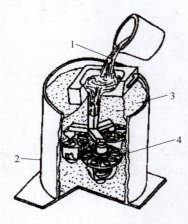

1—金属液；2—砂箱；3—干燥砂；
4—发泡聚苯乙烯模样。
图7.8 消失模铸造原理

消失模铸造工艺使用可发泡聚苯乙烯或可发泡聚甲基丙烯酸甲酯制成的模样，每一铸件浇注后模样被金属液熔化、燃烧消耗掉。当采用含黏结剂的型砂（如树脂自硬砂、酯硬化水玻璃自硬砂、吹 CO_2 硬化水玻璃砂或黏土砂）来造型时，可在砂型紧实硬化后，在浇注前将模样从砂型中取出，然后合箱浇注。

人们习惯上把消失模铸造工艺的过程分为白区和黑区两部分。白区指的是白色泡沫塑料模样的制作过程，从预发泡、发泡成型到模样的烘干、黏结（包括模片和浇注系统）。而黑区指的是上涂料以及再烘干、将模样放入砂箱、填砂、金属熔炼、浇注、旧砂再生处理，直到铸件落砂、清理、退火等工序。

消失模铸造法具有以下工艺特点。

（1）简化工序，缩短生产周期，提高生产率。

由于模样是整体的，基本上不用型芯，省去了型芯盒和芯骨制备及芯砂配制的工序；操作上又省去了取模、修型和配箱等许多工序，因而缩短了生产周期，提高了生产率。特别对单件、形状复杂的铸件，效果更显著。

（2）减轻劳动强度，改善制模和造型工的操作条件，改善生产现场的环境。

造型省去了脱模、修型和合箱等工序，大大减轻了劳动强度和改善了操作条件。而且，消失模铸造法在浇注时产生的废气可通过密闭管道排放到车间外以便进行净化处理，这样大大改善了生产现场的环境。

（3）提高了铸件的尺寸精度。

模样不必从铸型中取出，没有分型面，又省去了配箱、组芯等工序，避免了在普通铸造中因起模和配箱所导致的尺寸偏差，提高了铸件的尺寸精度，减少了机加工量。

（4）增大了零件的设计自由度。

为铸件结构设计提供了充分的自由度。消失模铸造方法没有分型和必须取模的铸造工艺，减少了铸造工艺要求，使铸件设计受到的限制减少。泡沫模样不需型芯的优点，可使设计者精确地铸出复杂内腔，甚至多内腔的铸件，铸件壁也可以是曲面或变截面的。

（5）铸件质量好、废品率低。

造型后，铸型是一个整体，没有分型面、不需取模，也不必考虑脱模斜度，所以杜绝了铸件的错箱和表面的飞边、毛刺等疵病。

7.2.2　实训项目：消失模铸造工程实训

1. 实训的目的与任务

本工程实训是在学生学完液态成型原理、铸造工艺学、铸造合金及熔炼、特种铸造等专业课程的基础上，开设的一个系统而完整的工程实践训练环节。学生需全面系统地复习并掌握上述课程内容，方能进行工程实训。通过本工程实训，能够提高学生铸造工艺设计和实施能力，使其更深入地理解课堂上的理论知识，是课堂教学中至关重要的实践环节，是材料成型及控制工程专业的综合实践课程。

本工程实训的主要目的和任务如下。

（1）运用所学的原理和工艺进行消失模铸造工艺路线设计。

（2）掌握常用铸钢件消失模铸造工艺的设计方法。

（3）学习使用设计资料、手册、标准和规范，掌握编制工程实训说明书的方法。

2. 实训内容

（1）熟悉工程实训题目，查阅资料，熟悉设备和工夹具。

（2）进行消失模铸造工程实训，具体内容包括：

①熟悉铸件图；

②提出铸件性能要求；

③消失模铸造工艺概述；

④浇注系统的设计；

⑤补缩系统的设计；

⑥白区操作，制作白模；

⑦黄区操作，白模刷涂料、组合成簇、烘干；

⑧黑区操作，金属液浇注成铸件；

⑨铸件清理及砂处理；

⑩铸件质量检验项目、内容及要求；

⑪消失模铸件常见缺陷的预防及补救方法；

⑫阐述铸件质量控制理论基础；

⑬制订消失模铸造工艺卡。

3. 实训材料和设备

（1）实训材料：Al-Si 合金，干燥石英砂，塑料薄膜，黏结剂，石英粉，膨润土，酒精，酚醛树脂，水玻璃等。

（2）实训设备：振动台、专用砂箱，模样制作切割机，涂料搅拌机，模样制作工作台，真空系统，坩埚电阻炉，石墨坩埚。

4. 实训方法和步骤

1）消失模铸造工艺设计

（1）铸造工艺方案的设计。要求在满足工件使用性能的前提下，兼顾经济性和工艺性，合理选择铸造工艺。

（2）浇注系统的设计。包括：浇注位置的确定，浇注系统类型的选择，浇道比例和引入位置，内浇道、横浇道、直浇道、浇口杯尺寸的设计，浇注温度、负压时间和浇注系统尺寸的确定。

（3）补缩系统的设计。包括：冒口类型、冒口尺寸和数量的设计，校核冒口以及校核冒口最大补缩能力的计算。

2）消失模铸造过程的操作

（1）白区操作。利用泡塑板，在下料平台或切割平台上手动切割制作白模模样。

（2）黄区操作。将白模模样在烘干房中烘干，同时采用涂料搅拌机搅拌涂料。对白模模样涂挂专用耐高温涂料，将多个泡塑模样与浇注系统组合黏结组合成簇，干燥后置于负压砂箱中，填入干砂。

（3）黑区操作。利用三维振动紧实，在真空状态下浇注金属液，模样气化消失，金属液置换模样，复制出与泡塑模样一模一样的铸件。

（4）铸件清理及砂处理。使用后的型砂经筛分、除尘、磁选、冷却最后到储存。

3）铸件质量检验项目、内容及要求

包括：铸件外观和铸件内在质量检验。

4）消失模铸件常见缺陷的预防及补救方法

包括：多肉类、孔洞类、裂纹冷隔类、表面缺陷、残缺类缺陷、形状及质量差错类缺陷。

5）阐述铸件质量控制理论基础

针对所设计的铸造工艺制造的零件可能产生的缺陷，分析缺陷产生的原因，防止和消除这些缺陷的方法。

6）填写消失模铸造工艺卡

（1）铸造工艺卡是用于指导现场工艺实施的卡片，汇集了指导现场生产的技术信息，简单明确。

（2）消失模铸造工艺卡填写方法。

①白模制作：按技术要求规定填写，如高密度苯板预发、成型及组型、熟化时间、成型方法、成型压力、保压时间、冷却方法等都要填写。

②白模烘干：按技术条件要求，填写烘干时间、温度和湿度。

③涂挂及烘干：按技术条件要求，填写涂料混配比、涂料密度、涂挂方式和次数。

④模型簇图：填写总质量，一箱铸件的数量。

⑤造型：填写加砂次序、振动时间和振动方式。

⑥浇注：填写真空压力、浇注温度、保温时间。

⑦熔炼：填写出炉温度，钢水成分。

⑧后期处理：气割（敲落）—抛丸—打磨浇口—修整（检验）—检验。

5. 实训实例：主动车轮消失模铸造工艺的设计与实施

1）主动车轮消失模铸造工艺设计

（1）零件图。

该铸件为主动车轮，其最小壁厚是轮缘，厚度为 11 mm；最大壁厚是轮毂，厚度为 38 mm；而轮辐部分壁厚为 14 mm。铸件的最大尺寸是 170 mm，属于薄壁件。图 7.9 为该铸件的二维图，图 7.10 为该铸件的三维图。

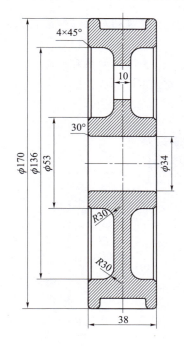
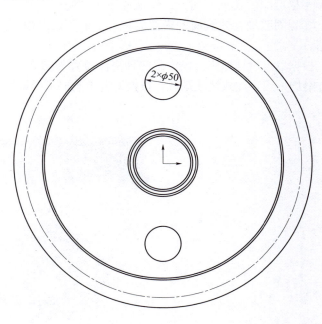

图 7.9　铸件二维图

（2）浇注位置的确定。

能否获得健全的消失模铸件，在许多情况下与浇注系统结构和形式有很大的关系。如果设计不合理，就可能使铸件产生气孔、缩孔和冷隔等缺陷。消失模铸造还会出现特有的皱皮、冷隔状夹杂等瑕疵。因此，对消失模浇注系统的设计应遵循如下基本原则。

①应利于造型材料的填充，避免形成死角。

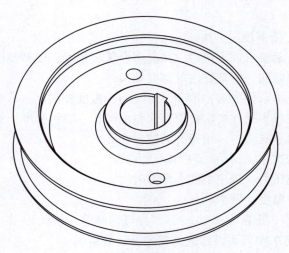

图 7.10　铸件三维图

②重要的加工面处在下面或侧面，保证气化模样在浇注时生成的熔渣易上浮到表面。

③浇注位置还应有利于多层铸件的排列，在涂料和干砂充填紧实的过程中方便支撑和搬运，使模样的某些部位可能加固，防止变形。

④尽可能使大平面朝下，保证浇注顺利进行而避免塌箱。

⑤凝固原理，使截面的横截面积自上而下逐渐增大，这样不仅有利于排气，而且有利于补缩。

根据以上设计原则，确定了两种浇注位置如图 7.11 所示。由于铸件的体积较小，所以两种方案均采用顶注式浇注系统。根据铸造工艺要求尽量使大平面朝下的原则，则选用方案一。

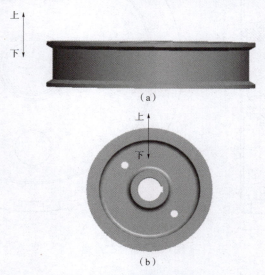

图 7.11　两种浇注位置

（a）方案一；（b）方案二

（3）浇注系统设计。

浇注系统的设计应遵循以下原则。

①浇注系统的安排要考虑到模样束在砂箱中的位置，便于填砂紧实。

②浇注系统的设计要保证模样束的整体强度。

③金属液压头应超过金属前沿的界面气体压力，以防呛火。

④保证铸型能够充满金属液且有利于实现顺序凝固。消失模铸造液态金属充型过程中，由于金属液前沿的热作用，泡塑模样逐渐消失后退而让出的空间被金属液所占据，使两者之间存在一定的间隙，间隙内的液态或气态产物形成内压支撑涂料层，并与干砂对涂层的压力构成力的平衡。浇注系统的设计应注意以下几个部分的内容。

①浇道比例和引入位置。

消失模铸造的浇注系统的形式与传统工艺不同，不考虑复杂结构形式，尽量减少浇注系统组成，常没有横浇道，只有直浇道和内浇道以缩短金属流动的距离，但是因该铸件为一箱三件，且为了使三个铸型同时充满金属液，因此每个铸型设有 1~2 个内浇道。高的直浇道（压头高）容易成型良好的铸件和保证浇注时的安全。因此，拟订直浇道高度高于冒口 80~100 mm。

按金属液注入铸型位置的不同，浇注系统可分为顶注式浇注系统、阶梯式浇注系统和底注式浇注系统 3 种。

a. 顶注式浇注系统优点：容易充满，可减少薄壁件浇不到、冷隔等方面的缺陷；充型后上部温度高于底部，有利于铸件自上而下的顺序凝固和冒口的补缩；冒口尺寸小，节约金属；内浇道附近受热较轻；结构简单，易于清除。

b. 阶梯式浇注系统优点：能够实现平稳充型，避免因压头过高或流股从高处落下冲击型底而造成严重的喷射和激溅；金属液自下而上地充满型腔，有利于排气及顺序凝固，可使冒口充分补缩。

c. 底注式浇注系统优点：内浇道基本在淹没状态下工作，充型平稳；可避免金属激溅、氧化及由此形成铸件缺陷；有利于挡渣；型腔内气体容易顺利排出。

②浇注系统形式的确定。

确定浇注系统的形式，这是浇注位置确定之后要考虑的另一个重要的工艺技术。生产实践证明，它比确定浇注系统各单元截面积大小还重要。浇注系统各单元的截面积可以在一个较大的范围内变化，也不会引起铸件产生缺陷或塌箱；而浇注系统形式是否合理，对引起铸件缺陷十分敏感。

消失模铸造浇注系统设计各单元截面积时，一般按铸件的结构、形状、大小、壁厚、尺寸、质量等初步确定其结构形式。通常，按照普通砂型铸造确定各单元截面积的比例和具体尺寸，各单元的截面积在一个较大范围内变化，均可获得优质铸件。首先确定内浇道（最小断面尺寸），再按一定比例确定直浇道。

a. 内浇道截面尺寸，如图 7.12 所示。

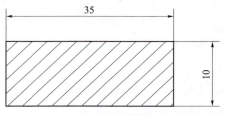

图 7.12　内浇道截面尺寸

b. 直浇道截面尺寸，如图 7.13 所示。

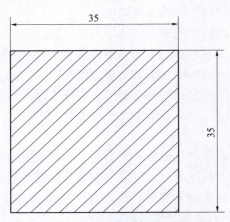

图 7.13 直浇道截面尺寸

③浇口杯的设计。

本铸件属于小型铸件，且对于挡渣作用要求较低，故选用结构简单的漏斗形浇口杯。根据铸造工艺手册查得浇口杯截面尺寸如图 7.14 所示。浇口杯的作用：接纳来自浇包的金属液，便于浇注；缓和金属液的冲击，把金属液较平稳地引入直浇道；阻挡金属液中溶渣和防止气体卷入直浇道；对一些高件、大件、重要件，当砂箱高度不够时，可起到提高压力头作用。

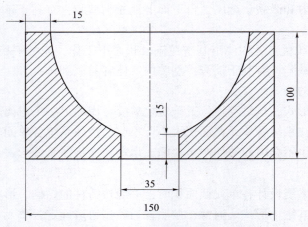

图 7.14 浇口杯截面尺寸

④浇注系统的结构。

通过以上的分析计算，最后确定底注式浇注系统的示意图如图 7.15 所示。由于铸件采用消失模铸造工艺，其没有合箱过程，因此采用顶注式浇注时，铸件的内浇道及横浇道尺寸与底注式相一致，只是直浇道高度有所偏差。

（4）冒口的设计。

冒口设计的主要内容是选择冒口的类型及安放位置、计算铸件模数、计算冒口尺寸。

①选择冒口的类型及安放位置。

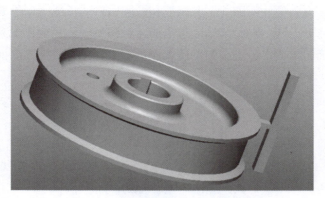

图 7.15　底注式浇注系统的示意图

根据本铸件的尺寸和形状，选用顶冒口，直接安放在铸件顶部的最厚部位。

冒口的位置示意图如图 7.16 所示。位置 1 为铸件最厚部位，位置 2 为铸件最厚的部位，所以将冒口设置在此位置，可以有效起到补缩的作用。

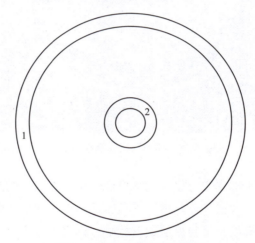

图 7.16　冒口的位置示意图

②计算铸件模数。

本铸件的冒口可假设为平板计算，设计为圆形冒口，则有

$$M_{件} = T/2 = 1/2 \text{ cm} = 0.5 \text{ cm}$$

③计算冒口尺寸。

根据以上设计，冒口具体尺寸如图 7.17 所示，则有

$$M_{冒} = 1.5 M_{件} = 0.75 \text{ cm}$$

$$h = 2h_{件}/3 = 24 \text{ mm}$$

通过计算 $A = 7.536 \text{ cm}^2$，$V = 1.75 \text{ cm}^2$。

模样及浇冒系统组合图，如图 7.18 所示。

2）圆封盘消失模铸造过程

传统铸造型砂靠黏结剂定型，形成型腔。黏结剂及其他辅助材料在接触高温金属液后，

材料成型及控制工程专业实践教程

瞬间产生高压气体，充满型砂间隙并在金属液和型腔壁之间形成一层气膜，阻挡金属液进入型砂间隙。微观环境下，这一瞬间金属液再不能接触到型砂，只能接触到气膜，称之为液气浸润。因此，在传统的铸造中，型腔的型砂表面可能很粗糙、铸件的表面却很光滑，就是有气膜存在的缘故。

图 7.17　冒口具体尺寸

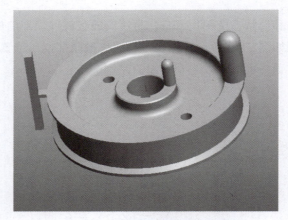

图 7.18　模样及浇冒系统组合图

消失模铸造浇注过程中抽真空。尽管泡沫模样气化。涂料中的有机黏结剂遇热碳化和型砂中结晶水气化都可以产生大量气体。由于受负压的牵拉无法形成砂粒间隙的气体高压和金属液与涂层间的气膜，金属液直接与涂层紧密接触，称之为液固浸润。因此，消失模铸造可以克隆出泡沫模样表面的细微结构，形成与传统铸造截然不同的消失模铸造铸件的表面特征。消失模铸造流程分为白区、黄区、黑区 3 个部分。

（1）白区操作。

①切开泡沫后，如果受潮，需要在切割为所需块料之后放入烘干室内烘干，再制作相应的模样，这是因为模样受潮容易降低表面的光洁度，并且模样也容易变形，切割时使尺寸失真。

②模板下料应在下料平台上或切割平台上。

切割两侧高度调节杆，调节杆上有绝缘板拉紧弹簧及 0.5 mm 镍铬电阻丝。玻璃板选用：两侧应小于台面，其目的是小于拉紧弹簧，去皮时不造成泡沫浪费。

③保证板面平整度，不得有波浪纹，避免切出的料整体高度尺寸不匀。在切开泡沫内部时，连续性要非常好，尽量做到没有任何缝隙及坑洞。

④调节切割电阻丝应为两端一样的尺寸，一般在所需尺寸上另加 1 mm 的切割损失量。

调节稳压器应从零开始逐渐增加直到用废泡沫试切割，看是否为所需高度。

⑤下料。

a. 正式切割前应将泡沫外皮去掉，任何用料上下不得带外皮。去外皮时选底及两个相邻侧面。

b. 去外皮找 90°时应将直角板放在平台上与泡沫块料成 90°切割。

c. 每一种形状的料必须切成方料。切方料时尽量做到六面方，即各角都 90°。

d. 切割模样组件要保证方料为干透状态，不得潮湿，还要保证模样的光洁度。切割时用 100 mm×200 mm×200 mm 的方料切成两个 ϕ170 mm×11 mm 的圆柱体和一个 ϕ150 mm×12 mm 的圆柱体；并分别在两个 ϕ170 mm×11 mm 的圆柱体上切除 ϕ140 mm×11 mm 的圆柱体，在 ϕ150 mm×12 mm 的圆柱体上分别切去两个 ϕ10 mm×12 mm 的圆柱体。切割模样时应将模板用直别针紧密固定在块料上，切割应连续、匀速、不得停顿、不得切割两次，并使模板与切割电阻丝永远保持 90°；在割通孔时将带电阻丝的穿丝穿透泡沫，贴模板切割，割通孔一般不超过200 mm，以免中心部位尺寸失实；在割盲孔、槽时手动工具用硬纸板作为模具，用铁钉固定，通电切割；在割内弧时，与上述方法一致。

⑥模样组合成簇。

将多个泡塑模样与浇冒口模样组合黏结在一起形成模样簇。这种组合有时在涂料制备前进行，有时在涂层制备后埋箱造型时进行。在模样组合成簇中主要选择消失模专用胶棒，消失模专用胶棒使用方便，凝固速度快，强度高，储存时间长。胶棒与胶棒枪配套使用，将胶棒插入胶棒枪后孔，将枪调到 130～160 ℃，使其喷胶液。胶液不能过多，以黏好为原则。胶液过多发气量大，会造成铸件气孔缺陷。胶液层不可过厚，以免尺寸失实。连接缝尽量满胶，不能出现黏结缝，以免涂料进入，造成铸件缺陷。黏结后应检查黏结缝及模型表面核实各部尺寸，如补缝，可用美纹纸补。组合成簇的模样如图 7.19 所示。

图 7.19 组合成簇的模样

（2）黄区操作。

黄区的主要流程是将白模涂刷专用耐高温透气涂料，在烘干房中烘干，并组成模样簇。

①将白模模样在烘干房中烘干，同时采用涂料搅拌机搅拌涂料。涂料的作用是提高刚度强度、防止破坏变形、隔离金属液和铸型、排除模样气化产物、保证铸件质量。

②涂料要求：具有良好的强度、透气性、耐火性、涂挂性、悬浮性、一次性脱落性等，以减少铸件气孔、塌箱、粘砂等缺陷，保证铸件的成品率。

③涂料的搅拌和涂刷工艺。水的加入量根据涂挂方法的不同，有不同的配比。涂料涂刷的方法有刷涂、浸涂等，取决于涂料的类别、产品的批量，以及模样的大小和形状。

a. 刷涂：靠手工通过刷子来完成涂刷，适用于一些结构形状复杂的消失模。

b. 浸涂：具有生产率高，节省涂料，涂层均匀，以及对涂料要求不高，操作简便，不需要特殊设备等特点。由于模样的密度小且本身的强度不高，因此在浸涂时应注意防止涂料的密度过大使模样难以浸入而变形损坏。浸涂时，应选择好模样浸入涂料的方向部位防止模样变形。涂层厚度应根据铸件材质、种类、结构、形状及尺寸大小和涂料的性能来决定，一般在 1~2 mm 范围内。涂层太薄对模样的增强作用小，容易产生粘砂现象；涂层过厚则会影响透气性，容易开裂剥落并延长涂层烘干时间。要获得合格的铸件，涂层厚度应尽量降低，即采用薄层涂料。涂挂厚度可通过涂料浓度、涂刷次数和控制浸涂操作来控制，第一遍浸涂浓度较小的稀薄涂液，以便获得均匀的薄涂层，改善涂挂性能；第二遍或第三遍浸涂要通过调整涂料浓度来获得均匀的涂料厚度，浸层要均匀，涂层上不得有露白出现。模样经浸涂后应及时抖动以使涂层均匀，并使多余的涂料去除，浸涂后的模样从容器中取出，运送放置时均应防止变形。涂刷好涂料后将模样进行烘干。

④烘干：可以将刷有涂料的模样放置在阳光下或 45~50 ℃烘干房内进行烘干。烘干时，模样应合理放置并支撑，以防止模样变形。要严格控制烘干时间、烘干温度和烘干湿度，防止模样吸潮。烘干房加热方式主要分为电加热、热量采集和传统煤加热。电加热和热量采集可以降低能耗，充分利用空间，环保。

刷涂料后的白膜模样经过烘干的实物图如图 7.20 所示。

图 7.20 刷涂料后的白膜模样经过烘干的实物图

（3）黑区操作。

消失模铸造工艺的浇注阶段主要分为三步：振动造型、浇注置换及砂处理。

①振动造型。

振动造型有埋砂添箱，放置烘干后的泡沫模样、加砂造型、覆膜加顶砂三道工序。

a. 埋砂填箱。

将带有抽气室的砂箱放在振动台上并夹紧，底部放入一部分底砂，厚度一般为 50 ~ 100 mm，振动紧实。

型砂为无黏结剂、无添加物、不含水的宝珠砂或干石英砂，颗粒一般为 20 ~ 40 目，型砂经处理后可反复使用；砂箱设有抽气室或抽气管、起吊或行走机构。

b. 放置烘干后的泡沫模样。

振动紧实后，按工艺要求，放置模样簇，并加砂固定。

c. 加砂造型。

加入干砂，并施以三维振动，使型砂充满模样的各个部位，增加型砂的堆积密度。振动紧实是通过振动作用使干砂在砂箱中产生动态流动，提高干砂充实性及密度，防止出现铸造缺陷。

d. 覆膜加顶砂的主要流程。

砂箱表面用塑料薄膜密封，浇注时用负压系统将砂箱内抽成一定真空，使砂粒"黏结"在一起，保证铸型浇注过程不崩散，在振动造型完成后进行浇注置换。

②浇注置换。

浇注置换的主要流程：浇注时，泡塑模样在金属液的热作用下气化，气体通过涂层型砂进入负压系统，金属液不断地占据泡塑模样位置，发生金属液与泡塑模样的置换过程，最终形成与泡塑模样形状、尺寸完全一致的铸件。消失模铸造在浇注时要注意浇注速度、浇注温度及负压度等。

③砂处理。

砂处理系统的主要流程：将使用后的砂子经筛分、除尘、磁选、冷却后储藏（以备生产之需，提高型砂的利用率，减少生产成本）。型砂通过水冷落砂器进行初步冷却；再进入筛分输送机，筛除浇注过程中产生的杂质，筛选出合格的型砂。由于型砂在浇注过程中处于高温的状态，选出的型砂需经过链式提升机到达卧式冷却剂进行冷却，通过水冷和风冷降至常温的型砂通过斗式提升机进入储砂斗储存，以便二次使用。在砂处理系统中，各个节点均使用除尘器，一方面达到清洁化无污染生产；另一方面通过除尘系统的旧砂可以重复使用，提高了旧砂的利用率。除尘系统常用的设备是水激式加旋风式除尘器和脉冲袋式除尘器。水激式加旋风式除尘器主要是对消失模砂处理系统中的各个节点的灰尘进行处理，灰尘通过风机进入除尘器中，经过分室进入水中过滤，过滤后经过气水分离的干净气体排入大气中，达到国家环保要求，除尘器的除尘量可根据实际生产情况而定。脉冲袋式除尘器综合了各种脉冲喷吹除尘器的优点，同时克服了分室清灰强度不够，进出风分布不均匀等缺点。

（4）熔炼浇注。

合金的熔炼与浇注是铸造生产中主要环节。严格控制熔炼与浇注的全过程，对防止针孔、夹杂、欠铸、裂纹、气孔及缩松等铸造缺陷起着重要的作用。由于铝熔体吸收氢倾向大，氧化能力强，易溶解铁，在熔炼与浇注过程中必须采取简易而又谨慎的预防措施，因此为了获得优质铸件，必须要控制好熔炼的温度和熔炼的时间。最恰当的熔炼温度为 760 ℃，熔炼时间为 2~4 h。

浇注时，泡沫模样在液体金属的热作用下气化，气化的气体通过涂层、型砂进入负压系统，金属液不断地占据泡塑模样位置，发生金属液与泡塑模样的置换过程，最终形成与泡塑模样形状、尺寸完全一致的铸件。

①常用浇注方式：天车吊装、人工浇注和自动浇注机浇注。

操作过程：采用"慢—快—慢"的方式浇注，应当保持连续浇注，防止铸件出现冷隔缺陷。

②浇后操作：浇后铸型达到保压要求后停泵，浇注温度比砂型铸造温度高 30~50 ℃。浇注完成后进行保压冷却，保压后真空对接机复位，3 min 之内去掉浇口杯，5 min 后撤真空，保压结束后进入冷却段进行冷却。待铸件冷凝 20 min 之后翻箱，从松散的干砂中取出铸件。

浇注时，应注意浇注速度、浇注温度等。

浇注后的铸件实物如图 7.21 所示。

图 7.21　浇注后的铸件实物

3）铸件质量检验

（1）铸件表面质量检验。

检查铸件表面是否有气孔、粘砂、夹渣等铸造缺陷，铸件如图 7.22 所示。

①铸件外形等级。

铸件外形轮廓、圆角等按其正确、美观程度分为以下 5 级。

图 7.22　铸件

1 级：外观轮廓清晰，圆角尺小正确且过渡平滑美观。

2 级：外观轮廓 30% 以下欠清晰，圆角过渡不够平滑。

3 级：外观轮廓 50% 以下欠清晰，圆角 50% 以下未制作出。

4 级：外观轮廓 70% 以下欠清晰，圆角未制作出。

5 级：外观轮廓不清晰，铸造圆角未制作出，黏结线（面）凹凸不平。

由图 7.22 可知，此铸件外形等级为 2 级。

②铸件表面夹杂物（夹砂、夹渣等）

由于脱落型砂、涂料、金属渣及模样分解产生的固液相产物等进入铸件，残存于铸件表面，形成了铸件表面夹杂物缺陷。

根据铸件最坏部位 100 mm×60 mm 的面积内存在大的夹杂物的、数量，将其分为以下 5 级。

1 级：缺陷 3 点以下，直径 2 mm、深度 ≤1 mm。

2 级：缺陷 5 点以下，直径 3 mm、深度 1.5 mm。

3 级：缺陷 5 点以下，直径 5 mm、深度 2 mm。

4 级：缺陷 8 点以下，直径 7 mm、深度 3 mm。

5 级：缺陷严重。

一般情况下，消失模铸件表面夹杂物缺陷应控制在 2 级以内，有特殊要求情况下要达到 1 级和特级（无任何夹杂物）。

由图 7.22 可知，本铸件表面夹杂物等级为 2 级。

③表面气孔。

由于泡沫塑料模样分解产生气体及浇注时，裹入气体或涂层未干水气化形成的气体等残留在铸件表面形成表面气孔（或气坑）缺陷，也分为以下 5 级。

1 级：表面气孔数少于 4 点，孔径≤1 mm、深度<1 mm。

2 级：表面气孔数少于 8 点，孔径<1 mm、深度<1 mm。

3 级：表面气孔数少于 10 点，孔径≤2 mm、深度<2 mm。

4 级：表面存在密集气孔，但深度较浅，孔径较小。

5 级：表面存在密集气孔，孔径大且较深。

一般情况下，消失模铸件表面气孔缺陷应控制在 2 级以内，4、5 级为废品。

如图 7.22 可知，本铸件表面气孔等级为 2 级。

（2）铸件内部质量检验。

切割冒口和内浇道后，观察被切割部位是否有缩孔、缩松及其他铸造缺陷。切割后的铸件冒口和内浇道如图 7.23 所示。

图 7.23　切割后的铸件冒口和内浇道

（3）粘砂缺陷分析与预防。

铸件粘砂缺陷的产生有以下两个方面的原因。

①涂料涂层脱落或者开裂，金属液趁此渗入型砂中，容易形成机械粘砂；当涂料选择和金属液不匹配，而干砂中又存在细小沙粒灰尘时，会形成化学粘砂。

②浇注时负压度大小对金属液流动能力的影响。负压度越大，金属液流动性越好，越容易形成粘砂。

解决途径：对于消失模铸件粘砂缺陷而言，其一般可在不同情况下出现在铸件的各个部分。在无负压浇注时，粘砂多出现在铸件底部或者是侧面，以及铸件热节区和型砂不易紧实区；在负压浇注时，各面均可出现，尤其是铸件转角处和组串铸件浇注时的过热处。

消失模铸造工艺卡如图 7.24 所示。

消失模铸造工艺卡

预发及成型

用料	高密度苯板	预发密度	
熟化时间		成型方法	手工成型
成型压力		保压时间	
冷却方法		其他	
白模烘干	1. 模样成型后放置烘干至全烘干 48 h 2. 温度控制在 50~55 ℃ 3. 相对湿度控制在 30%以下		

涂挂及烘干

涂料混配比			
涂挂方式	整体涂挂	涂料密度	
		涂挂次数	2
1. 第一次涂挂后烘干房烘干后进行二次涂挂。注意：每次涂挂后要去掉模样上产生的气泡 2. 最后一次涂挂后模样放置烘干至连续烘干 12 h 时，温度控制在 45~55 ℃ 相对湿度控制在 30%以下			

造型

加砂次序	底砂 15 s—振动加砂 9 成满—盖薄膜—加浮砂
振动时间	
其他振动方式	

熔炼

成分	Al-7%Si
出炉温度/℃	800

组型

浇注系统组元	用料	型号	涂挂次数
直浇道	高密度苯板		2
横浇道	高密度苯板		2
内浇道	高密度苯板		2

一箱三件

总重：8.61 kg

浇注

抽真空压力/MPa	关真空时间/min	浇注温度/℃	保温时间/min
0.02~0.25	3	1 550	>50

后期处理

气割（敲落）—抛丸—打磨浇口—修整
抛丸—防锈处理—检验—装箱　—

图 7.24　消失模铸造工艺卡

附　录

表 1　实验课所涉及的部分国家技术检验标准

序号	标准编号	标准名称
1	GB/T 10561—2023	钢中非金属夹杂物含量的测定　标准评级图显微检验法
2	GB/T 13299—2022	钢的游离渗碳体、珠光体和魏氏组织的评定方法
3	GB/T 13298—2015	金属显微组织检验方法
4	GB/T 13302—1991	钢中石墨碳显微评定方法
5	GB/T 13320—2007	钢质模锻件　金相组织评级图及评定方法
6	GB/T 14999.4—2012	高温合金试验方法　第 4 部分：轧制高温合金条带晶粒组织和一次碳化物分布测定
7	GB/T 17455—2008	无损检测　表面检测的金相复型技术
8	GB/T 16840.2—2021	电气火灾痕迹物证技术鉴定方法　第 2 部分：剩磁检测法
9	GB/T 15749—2008	定量金相测定方法
10	GB/T 6394—2017	金属平均晶粒度测定方法
11	GB/T 4335—2013	低碳钢冷轧薄板铁素体晶粒度测定法
12	GB/T 5168—2020	钛及钛合金高低倍组织检验方法
13	GB/T 14979—1994	钢的共晶碳化物不均匀度评定法
14	GB/T 13925—2010	铸造高锰钢金相
15	GB/T 13305—2008	不锈钢中 α-相面积含量金相测定法
16	GB/T 7216—2023	灰铸铁金相检验
17	GB/T 9441—2021	球墨铸铁金相检验
18	GB/T 3246.1—2024	变形铝及铝合金制品组织检验方法　第 1 部分：显微组织检验方法
19	GB/T 226—2015	钢的低倍组织及缺陷酸蚀检验法
20	GB/T 1814—1979	钢材断口检验法
21	GB/T 3246.2—2012	变形铝及铝合金制品组织检验方法　第 2 部分：低倍组织检验方法

序号	标准编号	标准名称
22	GB/T 230.1—2018	金属材料 洛氏硬度试验 第1部分：试验方法
23	GB/T 4340.1—2009	金属材料 维氏硬度试验 第1部分：试验方法
24	GB/T 231.1—2018	金属材料 布氏硬度试验 第1部分：试验方法
25	GB/T 4337—2015	金属材料 疲劳试验 旋转弯曲方法
26	GB/T 1172—1999	黑色金属硬度与强度换算值
27	GB/T 10573—2020	有色金属细丝拉伸试验方法
28	GB/T 228.1—2021	金属材料 拉伸试验 第1部分：室温试验方法
29	GB/T 232—2024	金属材料 弯曲试验方法
30	GB/T 12443—2017	金属材料 扭矩控制疲劳试验方法
31	GB/T 2039—2012	金属材料 单轴拉伸蠕变试验方法
32	GB/T 244—2020	金属材料管 弯曲试验方法
33	GB/T 229—2020	金属材料 夏比摆锤冲击试验方法
34	GB/T 12444—2006	金属材料 磨损试验方法 试环–试块滑动磨损试验
35	GB/T 6569—2006	精细陶瓷弯曲强度试验方法
36	GB/T 4161—2007	金属材料 平面应变断裂韧度 KIC 试验方法
37	GB/T 2975—2018	钢及钢产品 力学性能试验取样位置及试样制备
38	GB/T 3651—2008	金属高温导热系数测量方法
39	GB/T 3771—1983	铜合金硬度与强度换算值
40	GB/T 13303—1991	钢的抗氧化性能测定方法

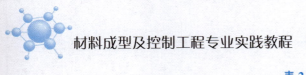

表 2 常用金相腐蚀剂

序号	试剂名称	成分		适用范围	注意事项
1	硝酸酒精溶液	硝酸 酒精	1~5 ml 100 ml	显示碳钢及低合金钢的组织	硝酸含量按材料选择，浸蚀数秒钟
2	苦味酸酒精溶液	苦味酸 酒精	2~10 g 100 ml	显示钢铁材料的细密组织	浸蚀时间自数秒钟至数分钟
3	苦味酸盐酸酒精溶液	苦味酸 盐酸 酒精	1~5 g 5 ml 100 ml	显示淬火及淬火回火后钢的晶粒和组织	浸蚀时间较苦味酸酒精溶液快数秒钟至 1 min
4	苛性钠苦味酸水溶液	苛性钠 苦味酸 水	25 g 2 g 100 ml	显示渗碳体、铁素体组织	加热煮沸浸蚀 5~30 min
5	氯化铁盐酸水溶液	氯化铁 盐酸 水	5 g 50 ml 100 ml	显示不锈钢，奥氏体高镍钢，Cu 及 Cu 合金组织 显示奥氏体不锈钢的软化组织	浸蚀至显现组织
6	王水甘油溶液	硝酸 盐酸 甘油	10 ml 20~30 ml 30 ml	显示奥氏体 Ni-Cr 合金等组织	先将盐酸与甘油充分混合，然后加入硝酸，试样浸蚀前先行用热水预热
7	高锰酸钾苛性钠	高锰酸钾 苛性钠	4 g 4 g	显示高合金钢中碳化物、σ 相等	煮沸使用，浸蚀 1~10 min
8	氨水双氧水溶液	氨水（饱和） 双氧水（3%）	50 ml 50 ml	显示 Cu 及 Cu 合金组织	随用随配，以保持新鲜，用棉花蘸擦
9	氯化铜氨水溶液	氯化铜 氨水（饱和）	8 g 100 ml	显示 Cu 及 Cu 合金组织	浸蚀 30~60 s
10	硝酸铁水溶液	硝酸铁 水	10 g 100 ml	显示 Cu 合金组织	用棉花蘸擦
11	混合酸	氢氟酸（浓） 盐酸 硝酸 水	1 ml 1.5 ml 2.5 ml 95 ml	显示硬铝组织	浸蚀 10~20 s 或用棉花蘸擦
12	氢氟酸水溶液	氢氟酸（浓） 水	0.5 ml 99.5 ml	显示一般 Al 合金组织	用棉花蘸擦
13	苛性钠水溶液	苛性钠 水	1 g 90 ml	显示 Al 及 Al 合金组织	浸蚀数秒
14	饱和苦味酸水溶液	饱和苦味酸水溶液，加入约 1 g 十三烷基苯碳酸钠		显示原始奥氏体晶界	浸蚀数秒

表 3　黑色金属硬度与强度换算表

维氏硬度HV	布氏硬度HBW	洛氏硬度				肖氏硬度HS	抗拉强度/MPa	维氏硬度HV	布氏硬度HBW	洛氏硬度				肖氏硬度HS	抗拉强度/MPa
		HRA	HRB	HRC	表面30N					HRA	HRB	HRC	表面30N		
85	81	—	41	—	—	—	—	490	(466)	74.9	—	48.4	48.4	—	1 595
90	86	—	48	—	—	—	—	500	(475)	75.3	—	49.1	49.1	66	1 630
95	90	—	52	—	—	—	—	510	(485)	75.7	—	49.8	49.8	—	1 665
100	95	—	56.2	—	—	—	—	520	(494)	76.1	—	50.5	50.5	67	1 700
110	105	—	62.3	—	—	—	—	530	(504)	76.4	—	51.1	69.5	—	1 740
110	105	—	62.3	—	—	—	—	530	(504)	76.4	—	51.1	69.5	—	1 740
120	114	—	66.7	—	—	—	392	540	(513)	76.7	—	51.7	70.0	69	1 775
130	124	—	71.2	—	—	20	431	550	(523)	77	—	52.3	70.5	—	1 810
140	133	—	75.8	—	—	21	451	560	(532)	77.4	—	53.0		71	1 845
150	143	—	78.7	—	—	22	490	570	(542)	77.8	—	53.6	71.7	71	1 880
160	152	—	81.7	(0)	—	24	520	580	(551)	78	—	54.1	72.1	72	1 920
170	162	—	85	—	—	25	549	590	(561)	78.4	—	54.7	72.7	—	1 955
180	171	—	87.1	(6)	—	26	579	600	(570)	78.6	—	55.2	73.2	74	1 995
190	181	—	89.5	—	—	28	608	610	(580)	78.9	—	55.7	73.7	—	2 030
200	190	—	91.5	—	—	29	637	620	(589)	79.2	—	56.3	74.2	75	2 070
210	200	—	93.4	—	—	30	667	630	(599)	79.5	—	56.8	74.6	—	2 105
220	209	—	95	—	—	32	696	640	(608)	79.8	—	57.3	75.1	77	2 145
230	219	—	96.7	(18)	—	33	735	650	(618)	80	—	57.8	75.5	—	2 180
240	228	60.7	98.1	20.3	41.7	34	770	660	—	80.3	—	58.3	75.9	79	2 200
245	233	61.2	—	21.3	42.5	—	785	670	—	80.6	—	58.8	76.4	79	2 235
250	238	61.6	99.5	22.2	43.4	36	800	680	—	80.8	—	59.2		80	2 275
255	242	62	—	23.1	44.2	—	820	690	—	81.1	—	59.7		81	—
260	247	62.4	—	24.0	45.0	37	835	700	—	81.30	—	60.1		81	—
265	252	62.7	—	24.8	45.7	—	850	720	—	81.8	—	61.0	78.4	83	—
270	257	63.1	—	25.6	46.4	38	865	740	—	82.2	—	61.8	79.1	84	—
275	261	63.5	—	26.4	47.2	—	880	760	—	82.6	—	62.5	79.7	86	—
280	266	63.8	—	27.1	47.8	40	900	780	—	93	—	63.3	80.4	87	—
285	271	62.4	—	27.8	48.4	—	915	800	—	83.4	—	64.0	81.1	88	—
290	276	64.5	—	28.5	49.0	41	930	820	—	83.8	—	64.7	81.7	90	—
295	280	64.8	—	29.2	49.7	—	950	840	—	84.1	—	65.3	82.2	91	—

维氏硬度 HV	布氏硬度 HBW	洛氏硬度 HRA	洛氏硬度 HRB	洛氏硬度 HRC	洛氏硬度 表面30N	肖氏硬度 HS	抗拉强度 /MPa	维氏硬度 HV	布氏硬度 HBW	洛氏硬度 HRA	洛氏硬度 HRB	洛氏硬度 HRC	洛氏硬度 表面30N	肖氏硬度 HS	抗拉强度 /MPa
300	285	65.2	—	29.8	50.2	42	965	860	—	84.4	—	65.9	82.7	92	—
310	295	65.8	—	31.0	51.3	—	995	880	—	84.7	—	66.4	83.1	93	—
320	304	66.4	—	32.2	52.3	45	1 030	900	—	85	—	67.0	83.6	95	—
330	314	67	—	33.3	53.6	—	1 060	920	—	85.3	—	67.5	84.0	96	—
340	323	67.6	—	34.4	54.4	47	1 095	940	—	85.6	—	68.0	84.4	97	—
350	333	68.1	—	35.5	55.4	—	1 125	1 004	—	86	—	69	—	—	—
360	342	69.7	—	36.6	56.4	50	1 155	1 076	—	86.5	—	70	—	—	—
370	352	69.2	—	37.7	57.4	—	1 190	1 140	—	87	—	71	—	—	—
380	361	69.8	—	38.8	58.4	52	1 220	1 150	—	87.5	—	71.5	—	—	—
390	371	70.3	—	39.8	59.3	—	1 255	1 200	—	88	—	72	—	—	—
400	380	70.8	—	40.8	60.2	55	1 290	1 250	—	88.5	—	73	—	—	—
410	390	71.4	—	41.8	61.1	—	1 320	1 300	—	89	—	74	—	—	—
420	399	71.8	—	42.7	61.9	57	1 350	1 350	—	89.5	—	75	—	—	—
430	409	72.3	—	43.6	62.7	—	1 385	1 400	—	90	—	76	—	—	—
440	418	72.8	—	44.5	63.5	59	1 420	1 450	—	90.5	—	77	—	—	—
450	428	73.3	—	45.3	64.3	—	1 455	1 500	—	91	—	78	—	—	—
460	437	73.6	—	46.1	64.9	62	1 485	1 550	—	91.5	—	79	—	—	—
470	447	74.1	—	46.9	65.7	—	1 520	1 600	—	92	—	80	—	—	—
480	(456)	74.5	—	47.7	66.4	64	1 555	1 700	—	92.5	—	80.5	—	—	—

参 考 文 献

［1］ 韩德伟，张建新. 金相试样制备与显示技术［M］. 长沙：中南大学出版社，2005.

［2］ 孙建林. 材料成型与控制工程专业实验教程［M］. 北京：冶金工业出版社，2014.

［3］ 张伯明. 铸造手册：第 1 卷　铸铁［M］. 北京：机械工业出版社，2013.

［4］ 黄天佑. 铸造手册：第 4 卷　造型材料［M］. 北京：机械工业出版社，2014.

［5］ 李新亚. 铸造手册：第 5 卷　铸造工艺［M］. 北京：机械工业出版社，2014.

［6］ 黄伯云，李成功，石力开，等. 中国材料工程大典：第 4 卷　有色金属材料工程（上）［M］. 北京：化学工业出版社，2005.

［7］ 柳百成，黄天佑. 中国材料工程大典：第 18 卷　材料铸造成型工程（上）［M］. 北京：化学工业出版社，2005.

［8］ 胡汉起. 金属凝固原理［M］. 北京：机械工业出版社，1999.

［9］ 王家灯，黄积荣，林建生. 金属的凝固及其控制［M］. 北京：机械工业出版社，1983.

［10］ 俞汉清，陈金德. 金属塑性成型原理［M］. 北京：机械工业出版社，2012.

［11］ 闫洪. 锻造工艺与模具设计［M］. 北京：机械工业出版社，2011.

［12］ 柯旭贵，张荣清. 冲压工艺与模具设计［M］. 北京：机械工业出版社，2016.

［13］ 吴树森，万里，安萍. 铝、镁合金熔炼与成型加工技术［M］. 北京：机械工业出版社，2012.

［14］ 崔忠圻，覃耀春. 金属学与热处理.［M］. 北京：机械工业出版社，2007.

［15］ 王迎新. Mg-Al 合金晶粒细化、热变形行为及加工工艺的研究［D］. 上海：上海交通大学，2006.

［16］ 全国钢标准化技术委员会. 金属材料　拉伸试验　第 1 部分：室温试验方法：GB/T 228.1—2021［S］. 北京：中国标准出版社，2011.